计算机专业·任务驱动应用型教材

Oracle 数据库基础与应用

张　晓　曾　欣　苏　雪 ◎ 主　编
刘晓星　杨新芳　殷建艳　饶　俭 ◎ 副主编

电子工业出版社
Publishing House of Electronics Industry
北京·BEIJING

内 容 简 介

本书基于 Oracle 19C，以项目教学的方式，循序渐进地讲解 Oracle 数据库的基本原理和具体应用的方法与技巧。

本书分为 9 个项目，具体内容包括数据库基础，Oracle 基础，数据表操作，数据查询，索引和视图，序列、同义词和事务，PL/SQL 编程，存储过程、函数和触发器，数据的安全管理。

本书案例丰富、内容翔实、操作方法简单易学，既适合职业院校计算机与大数据相关专业的学生，也适合从事数据处理相关工作的专业人士。

本书有附赠资源，包括书中所有案例的源文件和其他相关资源，以及案例操作过程的录屏动画，可供读者在学习过程中使用。

未经许可，不得以任何方式复制或抄袭本书之部分或全部内容。
版权所有，侵权必究。

图书在版编目（CIP）数据

Oracle 数据库基础与应用 / 张晓，曾欣，苏雪主编. —北京：电子工业出版社，2023.1
ISBN 978-7-121-45127-0

Ⅰ.①O… Ⅱ.①张… ②曾… ③苏… Ⅲ.①关系数据库系统 Ⅳ.①TP311.132.3
中国国家版本馆 CIP 数据核字（2023）第 032113 号

责任编辑：郭乃明　　　　　特约编辑：田学清
印　　刷：三河市君旺印务有限公司
装　　订：三河市君旺印务有限公司
出版发行：电子工业出版社
　　　　　北京市海淀区万寿路 173 信箱　　邮编 100036
开　　本：787×1092　1/16　　印张：13.75　　字数：315 千字
版　　次：2023 年 1 月第 1 版
印　　次：2025 年 2 月第 2 次印刷
定　　价：49.00 元

凡所购买电子工业出版社图书有缺损问题，请向购买书店调换。若书店售缺，请与本社发行部联系，联系及邮购电话：(010) 88254888，88258888。
质量投诉请发邮件至 zlts@phei.com.cn，盗版侵权举报请发邮件至 dbqq@phei.com.cn。
本书咨询联系方式：guonm@phei.com.cn，QQ34825072。

前　言

随着社会经济的发展、科学技术的进步和市场竞争的日趋激烈，企业经营和社会管理所需的信息量越来越大，决策难度也随之加大。人们越来越重视信息在经营和管理活动中的作用，也越来越重视信息的收集、加工和使用，从而推动了信息科学的发展。为了记载信息，人们使用了各种物理符号及其组合来表示信息，这些物理符号及其组合就是数据。数据库技术的基本思想是对数据实行集中的、统一的、独立的管理，使用户最大限度地共享数据资源。

Oracle 是甲骨文公司的一款关系型数据库管理软件，具有可移植性好、使用方便、性能强大等特点，是在世界范围内被广泛使用的关系型数据库管理软件。不仅如此，Oracle 还是一种高效率、适应高吞吐量、可靠性好的数据库解决方案。

一、本书特点

☑ 实例丰富

本书结合大量的、种类丰富的数据库制作与管理案例，详细地讲解了 Oracle 数据库的原理与应用知识要点，让读者在学习案例的过程中潜移默化地掌握 Oracle 数据库的制作与管理技巧。

☑ 突出提升技能

本书从全面提升 Oracle 数据库实际应用能力的角度出发，结合大量的案例来讲解如何制作和管理 Oracle 数据库，使读者了解 Oracle 数据库的基本原理并能够独立地完成各种数据库的创建与管理。

本书的很多案例是 Oracle 数据库的开发项目案例，经过编者的精心提炼和改编，不仅可以保证读者能够学好知识点，更重要的是，能够帮助读者掌握实际的操作技能，从而培养对 Oracle 数据库的开发实践能力。

☑ 技能与素养教育紧密结合

本书在讲解 Oracle 数据库开发的专业知识的同时，紧密结合素养教育主旋律，从专业的角度触类旁通地引导学生提高相关素养。

☑ 项目式教学，实操性强

本书的编者都是在高等院校中从事 Oracle 数据库教学研究多年的一线人员，具有丰富的教学实践经验与教材编写经验,而且多年的教学工作使得他们能够准确地把握学生的实际需求。有些编者还是国内 Oracle 数据库相关图书出版界的知名作者,其前期出版的一些相关书籍在经过市场检验后很受读者欢迎。本书基于编者多年的开发经验及教学的心得体会,力求全面、细致地展现 Oracle 数据库在开发应用中的各种功能和使用方法。

本书采用项目教学的方式,把 Oracle 数据库的理论知识分解并融入每一个实战操作的训练项目中,增强了本书的实用性。

二、本书的基本内容

本书分为 9 个项目,具体内容包括数据库基础,Oracle 基础,数据表操作,数据查询,索引和视图,序列、同义词和事务,PL/SQL 编程,存储过程、函数和触发器,数据的安全管理。

三、关于本书的服务

1. 关于本书的技术问题及有关信息的发布

读者朋友遇到有关本书的技术问题时,可以将问题发到邮箱 714491436@qq.com,我们将及时回复。同时,欢迎读者加入图书学习交流群(QQ:747076582)进行交流探讨。

2. 安装软件的获取

按照本书上的实例进行操作练习,需要事先在计算机上安装相应的软件。读者可以从官方网站上下载相应的软件,或者从当地电子城、软件经销商处购买。同时,QQ 交流群也会提供下载地址和安装软件的教学视频。

3. 附赠资源

为了配合各学校师生利用本书进行教学,本书附赠了多媒体资源,内容为书中所有实例的源文件和相关资源,以及实例操作过程的录屏动画,另外附赠了大量其他实例素材,供读者在学习过程中使用。

编 者

目　录

项目一　数据库基础 1

　　任务一　数据库概述 2
　　　　一、数据与数据库 2
　　　　二、数据库管理系统 2
　　　　三、数据库系统 4
　　　　四、数据模型 4
　　　　五、结构化查询语言 6
　　任务二　关系数据库基础 6
　　　　一、问题的提出 7
　　　　二、函数依赖 9
　　　　三、范式的判定条件与规范化 11
　　任务三　数据库设计 13
　　　　一、需求分析 14
　　　　二、概念设计 19
　　　　三、逻辑设计 21
　　　　四、物理设计 22
　　　　五、数据库实施 22
　　　　六、数据库运行和维护 23
　　项目总结 23

项目二　Oracle 基础 24

　　任务一　Oracle 简介 25
　　　　一、什么是 Oracle 25
　　　　二、Oracle 的发展过程 26
　　　　三、Oracle 体系结构 27
　　任务二　Oracle 下载与安装 31
　　　　一、Oracle 的下载 32
　　　　二、Oracle 的安装 34
　　　　三、测试安装是否成功 39
　　任务三　Oracle 管理工具 41

Oracle 数据库基础与应用

  一、SQL*Plus 工具 41
  二、数据库配置助手 44
  三、SQL Developer 工具 47
项目总结 51
项目实战 51
  实战一 启动并登录 SQL*Plus，然后退出 51
  实战二 创建名称为 oracle 的连接，指定用户名和角色 52

项目三 数据表操作 54

任务一 数据表基础 55
  一、数据类型 55
  二、数据表的结构 56
任务二 创建和管理表 57
  一、创建表 57
  二、修改表 60
任务三 数据记录 62
  一、添加数据 62
  二、编辑数据 64
  三、表约束 65
  四、删除表 69
项目总结 70
项目实战 71
  实战一 创建表 71
  实战二 给表添加数据 72

项目四 数据查询 75

任务一 基本数据查询 76
  一、SELECT 的基本语法 76
  二、简单查询 76
  三、设置别名 78
  四、使用 DISTINCT 过滤重复数据 79
  五、WHERE 查询 79
  六、ORDER BY 排序查询 83
  七、多表关联查询 84
任务二 聚合函数 87
任务三 连接查询 90
  一、交叉连接 90
  二、内连接 91
  三、外连接 91

  任务四 子查询 93
 项目总结 97
 项目实战 98
  实战一 范围查询 98
  实战二 模糊查询 98
  实战三 排序查询 98
  实战四 使用聚合函数查询 99
  实战五 连接查询 99
  实战六 子查询 100

项目五 索引和视图 101

 任务一 索引 102
  一、索引分类 102
  二、创建索引 103
  三、修改和删除索引 105
 任务二 视图 107
  一、创建视图 107
  二、管理视图 110
 项目总结 114
 项目实战 114
  实战一 创建位图索引 114
  实战二 创建视图并查询数据 115

项目六 序列、同义词和事务 117

 任务一 序列 118
  一、创建序列 118
  二、使用序列 120
  三、管理序列 121
 任务二 同义词 122
  一、同义词概述 123
  二、创建同义词 123
  三、删除同义词 125
 任务三 事务 126
  一、事务处理概述 126
  二、执行事务 126
 项目总结 132
 项目实战 133
  实战一 创建序列并使用 133
  实战二 设置保存点，然后回滚该保存点 133

项目七 PL/SQL 编程 135

任务一 PL/SQL 基础 136
一、PL/SQL 简介 136
二、数据类型 137
三、变量 140
四、函数 142
五、流程控制语句 151

任务二 游标 155
一、游标概念 155
二、显式游标处理 155
三、隐式游标处理 157
四、使用游标 157

项目总结 158

项目实战 159
实战一 查询员工信息 159
实战二 打印 101 号学生的信息 159

项目八 存储过程、函数和触发器 161

任务一 存储过程 162
一、存储过程概述 162
二、创建存储过程 163
三、调用存储过程 165
四、存储过程的参数 166
五、删除存储过程 169

任务二 函数 170
一、创建函数 171
二、调用函数 173
三、删除函数 174

任务三 触发器 175
一、触发器概述 175
二、创建触发器 176
三、删除触发器 183

项目总结 184

项目实战 184
实战一 创建存储过程并调用 184
实战二 创建函数并调用 185

项目九 数据的安全管理 187

任务一 表空间 188
一、表空间概述 188
二、查看表空间 189
三、创建表空间 190
四、修改表空间 191
五、删除表空间 192

任务二 用户和权限 192
一、用户 192
二、权限 193
三、角色 194

任务三 数据导入和导出 195
一、导出数据 196
二、导入数据 199

项目总结 204

项目实战 204
实战一 导出 EMP 表中的数据 204
实战二 向 STUDENT 表中导入数据 206

项目一

数据库基础

小知识——关于党的二十大

党的二十大：主题

——高举中国特色社会主义伟大旗帜，全面贯彻新时代中国特色社会主义思想，弘扬伟大建党精神，自信自强、守正创新，踔厉奋发、勇毅前行，为全面建设社会主义现代化国家、全面推进中华民族伟大复兴而团结奋斗。

素养目标

➢ 从基础入手，培养探索新知识的习惯。

技能目标

➢ 了解数据、数据库以及数据库系统等概念。
➢ 了解关系数据库。
➢ 了解数据库设计的各个步骤。

项目导读

数据库应用系统是部署在数据库管理系统中的，以数据检索处理为主要功能的一类应用系统，被广泛应用于日常生活和工作中。在学习数据库应用系统之前，首先要了解数据库的相关概念，掌握数据库设计的各个步骤。

任务一　数据库概述

任务引入

小李是一名大二的学生，下个学期他们学校会开设一门关于数据库的课程，他想趁着寒假了解一下数据库。那么，什么是数据？什么是数据库？数据库系统由哪些部分组成？什么是数据库管理系统呢？

知识准备

Oracle 是一个关系型数据库管理系统，将数据保存在不同的表中，而不是将所有数据存放在一个"大仓库"内，这样就提高了速度并增加了灵活性。

一、数据与数据库

1. 数据

数据本质上是对信息的一种符号化表示，即用一定的符号表示信息。采用什么符号完全由人为规定。为了用计算机进行信息处理，需要把信息转换为计算机能够识别的符号，即用 0 和 1 两个符号来表示各种各样的信息。从这个意义上说，数据是用来承载信息的。

2. 数据库

数据库（Database）是一个存放数据的仓库，是按照一定的数据结构（数据的组织形式或数据之间的联系）来组织、存储的。我们可以通过数据库提供的多种方式来管理数据库里的数据。更简单形象的理解是，数据库和我们生活中存放杂物的仓库的性质是一样的，区别是存放的东西不同，杂物间存放的是实体，而数据库存放的是数据。

随着信息技术的发展和人类社会的不断进步，特别是 2000 年以后，数据库不仅仅用来存储和管理数据，而转变成了用户所需要的各种数据管理方式。数据库有很多种类和功能，从最简单的存储各种数据的表格到能够进行海量数据存储的大型数据库系统，都在各方面得到了广泛应用。

二、数据库管理系统

数据库管理系统（DBMS）是数据库系统的关键。很多操作，包括数据定义、数据操作、数据库的运行管理等都是在 DBMS 的管理下进行的。DBMS 是用户与数据库的接口，应用程序只有通过 DBMS 才能和数据库"打交道"。

通常，DBMS 的主要功能包括以下几个方面。

1. 数据定义

DBMS 提供数据定义语言（Data Definition Language，DDL），供用户定义数据库的三级模式。用概念 DDL 编写的概念模式称为源概念模式，用外 DDL 编写的外模式称为源外模式，用内 DDL 编写的内模式称为源内模式。各种模式通过相应的模式翻译程序转换为机器内部代码的表示形式，分别为目标概念模式、目标外模式和目标内模式。这些目标模式是对数据库结构信息的描述，而不是对数据本身的描述，它们刻画的是数据库的框架（结构），并被保存在数据字典（系统目录）中。数据字典是 DBMS 存取和管理数据的基本依据。

2. 数据操作

DBMS 提供数据操作语言（Data Manipulation Language，DML），供用户实现对数据的追加、删除、更新、查询等操作。

3. 数据库的运行管理

数据库的运行管理功能包括 DBMS 的运行控制、管理功能，以及多用户环境下的并发控制、安全性检查和存取限制控制、完整性检查和执行、运行日志的组织管理、事务的管理和自动恢复（保证事务的原子性）功能。这些功能保证了数据库系统的正常运行。

4. 数据组织、存储与管理

DBMS 要分类组织、存储和管理各种数据，包括数据字典、用户数据、存取路径等。它需要确定以何种文件结构和存取方式存储并组织这些数据，以及如何实现数据之间的联系。组织和存储数据的基本目标是提高存储空间的利用率，选择合适的存取方式的基本目标是提高存取效率。

5. 数据库的保护

数据库中的数据是信息社会的战略资源，所以对数据库的保护至关重要。DBMS 对数据库的保护通过 4 个方面来实现，包括数据库的恢复、数据库的并发控制、数据库的完整性控制、数据库的安全性控制。DBMS 的其他保护功能包括系统缓冲区的管理及数据存储的某些自适应调节机制等。

6. 数据库的建立和维护

数据库的建立和维护包括数据库初始数据的装入，数据库的转储、恢复、重组织，系统性能的监视、分析等功能。这些功能大都由 DBMS 的实用程序来实现。

7. 通信

DBMS 具有与操作系统的联机处理、分时系统及远程作业输入相关的接口，负责处理数据的传送。

三、数据库系统

数据库系统（Database System，DBS）通常由软件、数据库和数据库管理员组成。软件主要包括操作系统、各种宿主语言、实用程序以及数据库管理系统。数据库由数据库管理系统统一管理，数据的插入、修改和检索均要通过数据库管理系统进行。数据库管理员负责创建、监控和维护整个数据库，使数据能被任何有使用权限的人使用。

数据库系统由数据库，支持数据库运行的软/硬件和人员等部分组成。

1. 数据库

数据库是指长期存储在计算机内的、有组织、可共享的数据的集合。数据库中的数据按一定的数学模型组织、描述和存储，具有较小的冗余、较高的独立性和易扩展性，并可以为各种用户所共享。

2. 硬件

硬件是数据库赖以存在的物理设备，包括 CPU、存储器和其他外部设备。数据库系统需要有足够大的内存和外存来运行操作系统、数据库管理系统的核心模块、应用程序及存储数据库。

3. 软件

软件包括操作系统、数据库管理系统及应用程序。其中，数据库管理系统（Database Management System，DBMS）是数据库系统的核心软件。

4. 人员

人员包括数据库管理员（Database Administrator，DBA）和用户。在大型数据库系统中，需要由专人负责数据库系统的建立、维护和管理工作，负责该工作的人员被称为数据库管理员。用户分为两类：专业用户和最终用户。专业用户侧重于设计数据库、开发应用系统程序，为最终用户提供友好的用户界面；最终用户侧重于对数据库的使用，主要是通过数据库进行联机查询，以及通过数据库应用系统提供的界面使用数据库。

四、数据模型

数据模型是客观事物及其联系的数据描述，它应该具有描述数据和数据联系两方面的功能。组成数据模型的三要素是数据结构、数据操作和数据的约束条件。其中，数据结构是所研究的记录类型的集合，是对系统的静态特性的描述；数据操作是数据库中各种对象（型）的实例（值）允许执行的操作的集合；数据的约束条件是一组完整性规则的集合。所谓完整性规则是指数据模型中数据及其联系所具有的制约和依存规则，用于限定符合数据模型的数据库的状态和状态的变化，以保证数据的正确性、有效性、兼容性。

目前被成熟地应用在数据库系统中的数据模型有层次模型、网状模型和关系模型。

它们之间的根本区别在于数据之间联系的表示方式不同,即记录型之间的联系方式不同。层次模型用"树结构"来表示数据之间的联系;网状模型用"图结构"来表示数据之间的联系;关系模型用"二维表"(关系)来表示数据之间的联系。

1. 层次模型

层次模型是在数据库系统中最早使用的一种模型,它的数据结构是一棵"有向树"。层次模型的特征如下。

- 有且仅有一个节点(根节点),没有父节点。
- 其他节点有且仅有一个父节点。

在层次模型中,每个节点描述一个实体型,称为记录型。一个记录型可以有多个记录值,简称记录。节点之间的有向边表示记录之间的联系。如果要存取某一个记录型的记录,可以从根节点开始,按照有向树的层次逐层向下查找,这个查找路径就是存取路径。

2. 网状模型

用网状结构表示实体及其联系的模型称为网状模型。网中的每一个节点都代表一个记录型,联系用链接指针来实现。任何一个连通的基本层次的联系的集合都是网状模型。它取消了层次模型的两点限制。网状模型的特征如下。

- 允许节点有多于一个的父节点。
- 可以有一个以上的节点没有父节点。

网状模型和层次模型在本质上是一样的。从逻辑上看,它们都是基本层次的联系的集合,用节点表示实体,用有向边(箭头)表示实体间的联系。从物理上看,它们每一个节点都是一个存储记录,用链接指针来实现记录之间的联系。当存储数据时,这些指针就被固定下来了,数据检索时必须考虑存取路径的问题。当数据更新时,会涉及链接指针的调整,缺乏灵活性,系统扩充相当麻烦。网状模型中的指针更多,纵横交错,从而使数据结构更加复杂。

3. 关系模型

关系模型是用二维表的结构来表示实体和实体之间联系的数据模型。关系模型的数据结构是一个由"二维表框架"组成的集合,二维表又称为关系,因此,关系模型是"关系框架"组成的集合。目前大多数的数据库管理系统都基于关系模型。关系模型的特征如下。

- 描述的一致性,不仅用关系描述实体本身,还用关系描述实体之间的联系。
- 可直接表示多对多的联系。
- 关系必须是规范化的关系,即每个属性是不可分的数据项,不允许表中有表。
- 关系模型建立在数学概念的基础上,有较强的理论依据。

关系模型中的基本数据结构就是二维表,不需要层次模型或网状模型中的链接指针。

记录之间的联系是通过不同关系中的同名属性来体现的。

五、结构化查询语言

结构化查询语言（Structured Query Language，SQL），是一种数据库查询和程序设计语言，用于存取数据以及查询、更新和管理关系型数据库系统。

SQL 是应用于数据库的语言，本身是不能独立存在的。它是一种非过程性语言，与一般的高级语言（如 C、Pascal）是大不相同的。一般的高级语言在存取数据库时，需要依照程序每一行的顺序处理许多操作；但是使用 SQL 时，只需要告诉数据库需要什么数据、如何显示就可以了，具体的内部操作则由数据库系统来完成。

SQL 按照用途可以分为以下 4 类。

1. 数据查询语言（Data Query Language，DQL）

查询是数据库的基本功能。查询操作通过 SQL 数据查询语言来实现。例如，用 SELECT 查询表中的内容。

2. 数据定义语言（Data Definition Language，DDL）

在数据库系统中，每一个数据库、数据库中的表，视图和索引等都是对象。要建立一个对象，可以通过 SQL 来完成，这一类定义数据库对象的 SQL 语句即为 DDL。例如，数据库和表的创建。

3. 数据操作语言（Data Manipulation Language，DML）

数据操作语言提供插入、修改、删除和检索数据库记录的一系列语句。例如，使用 INSERT、DELETE 和 UPDATE 来插入、删除、更新记录等。

4. 数据控制语言（Data Control Language，DCL）

对单个的 SQL 语句来说，不管执行成功或失败，都不会影响到其他的 SQL 语句。但是在某些情况下，可能需要一次处理多个 SQL 语句，且它们必须全部执行成功，如果其中一个执行失败，则这一批 SQL 语句都不能执行，已经执行的语句应该恢复到开始时的状态。

任务二 关系数据库基础

任务引入

小李进行关系数据库设计时，发现关系模式出现了数据冗余、不一致性及删除异常等问题。那么，怎么解决这些问题呢？又有哪些判定条件呢？

知识准备

在关系模型中，无论是实体还是实体之间的联系均由单一的结构类型，即关系（表）来表示。下面讨论关系模型的一些基本术语。

- 关系：一个关系就是一张二维表，每个关系都有一个关系名。
- 元组：表中的一行为一个元组，对应存储文件中的一个记录值。
- 属性：表中的列称为属性，每一列都有一个属性名。属性值相当于记录中的数据项或字段值。
- 域：属性的取值范围，即不同元组对同一个属性的值所限定的范围。例如，逻辑型属性只能从逻辑真（TRUE）或逻辑假（FALSE）两个值中取值。
- 关系模式：对关系的描述称为关系模式，一般用关系名(属性名1,属性名2,...,属性名 n)来表示。一个关系模式对应一个关系文件的结构。例如，R(S#, SNAME, SEX, BIRTHDAY, CLASS)。
- 候选码（或候选关键字）：它是属性或属性的组合，其值能够唯一地标识一个元组。在最简单的情况下，候选码只包含一个属性。候选码和码是相同的概念，两者可以不进行区分。
- 主码（或主关键字）：在一个关系中可能有多个候选码，从中选择一个作为主码。
- 主属性：包含在主码中的诸多属性都被称为主属性。
- 外码（或外关键字）：如果一个关系中的属性或属性组并非该关系的码，但它们是另外一个关系的码，则被称为该关系的外码。
- 全码：关系模型的所有属性都是这个关系模式的候选码，被称为全码。

了解上述术语之后，又可以将关系定义为元组的集合，将关系模式定义为属性名的集合，将元组定义为属性值的集合，将一个具体的关系模型定义为若干个关系模式的集合。

一、问题的提出

假定有如下关系 S。

S(NO, NAME, SEX, CNO, CNAME, DEGR)

其中，S 表示学生表，对应的各个属性依次为学号、姓名、性别、课程号、课程名和成绩。主码为(NO,CNO)。

这个关系模式存在如下问题。

1. 数据冗余

当一个学生选修多门课程时，就会出现数据冗余。例如，可能存在这样的记录：(S0102,"王华","男",C108,"C 语言",84)、(S0102,"王华","男",C206,"数据库原理与应用",92)和(S0108,"李丽","女",C206,"数据库原理与应用",86)，从而导致 NAME、SEX 和 CNAME 属性被重复存储。

2. 不一致性

由于数据冗余，当更新某些数据项时，就可能出现一部分字段修改了，而另一部分字段未修改，从而造成存储数据的不一致。例如，可能存在这样的记录：(S0102,"王华","男",C108,"C语言",84)和(S0102,"李丽","女",C206,"数据库原理与应用",92)，这就是数据不一致性。

3. 插入异常

如果某个学生未选修课程，则无法插入 NO、NAME 和 SEX 属性的值，由于 CNO 为空，关系模式规定主码不能全部或部分为空，因此造成插入异常。例如，有一个学号为 S0110 的新生"陈强"，由于尚未选课，不能被插入到关系 S 中，因此无法存放该学生的基本信息。

4. 删除异常

当要删除所有学生的成绩时，所有的 NO、NAME 和 SEX 属性的值也都被删除了，这就是删除异常。例如，关系 S 中只有一条学号为 S0105 的学生记录：(S0105,"王华","男",C108,"C语言",84)，现在需要将其删除，删除后，学号为 S0105 的学生"王华"的基本信息也被删除了，而没有其他地方存放该学生的基本信息。

为了解决这些异常，将 S 关系分解为以下 3 个关系。

S_1(NO, NAME, SEX)　　　主码为{NO}或简写为 NO
S_2(NO, CNO, DEGR)　　　主码为{NO, CNO}
S_3(CNO, CNAME)　　　　主码为{CNO}或简写为 CNO

这样分解后，上述异常就都得到了解决。首先是数据冗余问题，对于选修多门课程的学生，在关系 S_1 中只有一条该学生的记录，只需要在关系 S_2 中存放对应的成绩记录，即可避免同一个学生的 NAME 和 SEX 重复出现。由于在关系 S_3 中存放了 CNO 和 CNAME，所以在关系 S_2 中不再存放 CNAME，从而避免出现 CNAME 的数据冗余。

数据不一致的问题主要是数据冗余引起的，解决了数据冗余的问题，数据不一致的问题自然就解决了。

由于关系 S_1 和关系 S_2 是分开存储的，如果某个学生未选修课程，可将其 NO、NAME 和 SEX 属性的值插入到关系 S_1 中，只是关系 S_2 中没有该学生的记录，因此不存在插入异常的问题。

同样地，当要删除所有学生的成绩时，只需要从关系 S_2 中删除对应的成绩记录即可，关系 S_1 的记录仍会被保留，从而解决了删除异常的问题。

为什么将关系 S 分解为关系 S_1、S_2 和 S_3 后，所有的异常问题就都解决了呢？这是因为 S 关系中的某些属性之间存在数据依赖。数据依赖是对现实世界中的关联性的一种表达，是对属性的固有语义的体现。人们只有对一个数据库所要表达的现实世界进行认真的调查与分析，才能归纳与客观事实相符合的数据依赖。现在人们已经提出了多种类型的数据依赖，其中最重要的是函数依赖（functional dependence，FD）。

2. 函数依赖与属性关系

属性之间有 3 种关系，但并不是每一种关系中都存在函数依赖。设 $R(U)$ 是属性集 U 上的关系模式，X、Y 是 U 的子集。

- 如果 X 和 Y 之间是 1∶1 关系（一对一关系），如学校和校长之间就是 1∶1 关系，则存在函数依赖 $X{\rightarrow}Y$ 和 $Y{\rightarrow}X$。
- 如果 X 和 Y 之间是 1∶n 关系（一对多关系），如学号和姓名之间就是 1∶n 关系，则存在函数依赖 $X{\rightarrow}Y$。
- 如果 X 和 Y 之间是 m∶n 关系（多对多关系），如学生和课程之间就是 m∶n 关系，则 X 和 Y 之间不存在函数依赖。

3. Armstrong 公理

为了从一组函数依赖中求得逻辑蕴涵的函数依赖，例如，已知函数依赖集 F，要知道是否逻辑蕴涵 $X{\rightarrow}Y$，就需要一套推理规则，这套推理规则在 1974 年首先由 W.W.Armstrong 提出，常被称为"Armstrong 公理"。

Armstrong 公理：设 A、B、C、D 是给定关系模式 R 的属性集的任意子集，并把 A 和 B 的并集 $A \cup B$ 记作 AB，则其推理规则可以归结为以下 3 条。

- 自反律：如果 $B \subseteq A$，则 $A{\rightarrow}B$。这是一个平凡的函数依赖。
- 增广律：如果 $A{\rightarrow}B$，则 $AC{\rightarrow}BC$。
- 传递律：如果 $A{\rightarrow}B$ 且 $B{\rightarrow}C$，则 $A{\rightarrow}C$。

由 Armstrong 公理可以得到以下推论。

- 自合规则：$A{\rightarrow}A$。
- 分解规则：如果 $A{\rightarrow}BC$，则 $A{\rightarrow}B$ 且 $A{\rightarrow}C$。
- 合并规则：如果 $A{\rightarrow}B$ 且 $A{\rightarrow}C$，则 $A{\rightarrow}BC$。
- 复合规则：如果 $A{\rightarrow}B$ 且 $C{\rightarrow}D$，则 $AC{\rightarrow}BD$。

4. 闭包及其计算

定义 6：设 F 是关系模式 R 的一个函数依赖集，X、Y 是 R 的属性子集，如果从 F 中的函数依赖能够推出 $X{\rightarrow}Y$，则称 F 逻辑蕴涵 $X{\rightarrow}Y$。

定义 7：F 逻辑蕴涵的全体函数依赖构成的集合，称为 F 的闭包，记作 F^+。

定义 8：设 F 是属性集 U 上的一组函数依赖，$X \subseteq U$，则将属性集 X 关于 F 的闭包 X_F^+ 定义为 $X_F^+=\{A|A \in U$ 且 $X{\rightarrow}A$ 可由 F 经 Armstrong 公理导出$\}$，即 $X_F^+=\{A|X{\rightarrow}A \in F^+\}$。

定理：设关系模式 $R(U)$，F 为其函数依赖集，$X,Y \subseteq U$，则从 F 推出 $X{\rightarrow}Y$ 的充要条件是 $Y \subseteq X_F^+$。

以下是求 X_F^+ 的一个算法。

算法：求属性集 X 关于函数依赖 F 的属性闭包 X_F^+。

输入：关系模式 $R(U)$ 的属性集 X 和函数依赖集 F。

输出：X_F^+。

按下列步骤计算属性集序列 $X^{(i)}$（i=0，1，…）。

（1）令 $X^{(0)}=X$，$i=0$。

（2）求属性集 $B=\{A|(\exists V)(\exists W)(V\to W\in F \wedge V\subseteq X^{(i)} \wedge A\in W)\}$。先在 F 中寻找尚未用过的左边是 $X^{(i)}$ 的子集的函数依赖：$Y_j\to Z_j$（j=0，1，…，k），其中 $Y_j\subseteq X^{(i)}$。再在 Z_j 中寻找 $X^{(i)}$ 中未出现过的属性构成属性并将其集 B。若集合 B 为空，则转至步骤（4）。

（3）$X^{(i+1)}=B\cup X^{(i)}$，也可以直接表示为 $X^{(i+1)}=BX^{(i)}$ 或 $X^{(i+1)}=X^{(i)}B$。

（4）判断 $X^{(i+1)}=X^{(i)}$ 是否成立，若不成立则转至步骤（2）。

（5）输出 $X^{(i)}$，即为 X_F^+。

对于步骤（2）的计算停止条件，以下 4 种是等价的。

- $X^{(i+1)}=X^{(i)}$。
- $X^{(i)}$ 包含全部属性。
- 在 F 中的函数依赖的右边属性中再也找不到 $X^{(i)}$ 中未出现过的属性。
- 在 F 中的未用过的函数依赖的左边属性中已经没有 $X^{(i)}$ 的子集。

定义 9：一个关系模式 $R(U)$ 上的两个依赖集 F 和 G，如果 $F^+=G^+$，则称 F 和 G 是等价的，记作 $F\equiv G$。

如果函数依赖集 $F\equiv G$，则称 G 是 F 的一个覆盖，反之亦然。两个等价的依赖集在表示能力上是完全相同的。

三、范式的判定条件与规范化

1. 第一范式（1NF）

定义 10：设 R 是一个关系模式，R 属于第一范式当且仅当 R 中每一个属性 A 的值域只包含原子项，即不可分割的数据项时。

1NF 的关系源于关系的基本性质，是任何关系都必须遵守的。然而 1NF 的关系存在许多缺点。例如，前面给出的学生关系 S 就是 1NF 的关系，即关系 S 的每一个属性的值域只包含原子项。我们在前面分析过，它存在数据冗余、数据不一致、插入异常和删除异常等严重的问题，因此 1NF 的关系不是一个好的关系。

那是什么原因造成的呢？1NF 的关系是不够规范化的，即对学生关系 S 的限制太少，学生关系 S 的属性之间存在着完全、部分、传递 3 种不同的函数依赖，正是这种原因造成学生关系 S 的信息太杂乱。

改进的方法是消除同时存在于一个关系中的属性间的不同函数依赖。通俗地说，就是使一个关系所表示的信息"单纯"一些。正如前面分析的，将关系 S 分解为 S_1、S_2 和 S_3 后，问题就得到了解决。

2. 第二范式（2NF）

定义 11：设 R 是一个关系模式，R 属于第二范式当且仅当 R 是 1NF 时，且每个非主属性都完全函数依赖于主码。

例如，前面给出的学生关系 S，主码为(NO,CNO)，虽然有(NO,CNO)$\xrightarrow{f}$DEGR，但有(NO,CNO)$\xrightarrow{P}$SEX，(NO,CNO)$\xrightarrow{P}$CNAME，(NO,CNO)$\xrightarrow{P}$CNAME，因此，它不满足 2NF 的条件，所以不属于 2NF。

一个不属于 2NF 的关系模式会产生插入异常、删除异常和修改异常的问题，并伴有大量的数据冗余。我们可以消除关系中的非主属性对主码的部分依赖，使之满足 2NF 的关系。一个直观的解决办法就是进行投影分解。

如何进行投影分解呢？分解后不应丢失原来的信息，这意味着经连接运算后仍能恢复原关系中的所有信息，这种操作称为关系的无损分解。假设给定关系模式 $R(A,B,C,D)$，关键字为 $\{A,B\}$。若 R 满足函数依赖 $A \rightarrow D$，则 R 不属于 2NF。可将关系 R 投影分解为两个关系 R_1 和 R_2。

$R_1(A,D)$ 主码为$\{A\}$
$R_2(A,B,C)$ 主码为$\{A, B\}$，A 是 R_2 关于 R_1 的外码

则 R_1、R_2 都属于 2NF，利用外码 A 连接 R_1 和 R_2 可重新得到 R。

3. 第三范式（3NF）

定义 12：设 R 是一个关系模式，R 属于第三范式当且仅当 R 属于 2NF 时，且每个非主属性都非传递函数依赖于主码。

可将 R 属于 3NF 理解为 R 中的每一个非主属性既不部分依赖也不传递依赖于主码，这里的不传递依赖蕴涵着不互相依赖。显然前面给出的学生关系 S 不属于 3NF。

属于 2NF 而不属于 3NF 的关系模式也会产生数据冗余及操作异常的问题。一个属于 2NF 但不属于 3NF 的关系模式总可以被分解为有一些属于 3NF 的关系模式的集合。也可以使用投影消除非主属性间的传递函数依赖。假设有关系模式 $R(A,B,C)$，主码为 $\{A\}$，满足函数依赖 $B \rightarrow C$，且 $B \rightarrow A$，则 R 不属于 3NF。可将 R 分解为以下的关系 R_1 和 R_2。

$R_1(B,C)$ 主码为$\{B\}$，则 R_1 属于 3NF
$R_2(A,B)$ 主码为$\{A\}$，则 R_2 属于 3NF

将关系 R_1 和 R_2 连接可以重新得到关系 R。

综上所述，3NF 的关系已经排除了非主属性对于主码的部分依赖和传递依赖，从而使关系表达的信息相对单一，因此满足 3NF 的关系数据库一般情况下能达到满意的效果。但是 3NF 仅对非主属性与候选码之间的依赖做了限制，而对主属性与候选码间的依赖没有任何约束。当关系具有几个组合候选码，而候选码内的属性又有一部分互相覆盖时，仅满足 3NF 的关系仍可能发生异常，这时就需要用更高的范式去限制它。

4. BC 范式（BCNF）

定义 13：对于关系模式 R，若 R 中的所有非平凡的、完全的函数依赖的决定因素是

码，则 R 属于 BCNF。

若 R 属于 BCNF，则由 BCNF 的定义可以得到以下结论。

- R 中所有非主属性对每一个码都是完全函数依赖。
- R 中所有主属性对每一个不包含它的码也是完全函数依赖。
- R 中没有任何属性完全函数依赖于非码的任何一组属性。

若关系 R 属于 BCNF，则 R 中不存在任何属性对码的传递依赖和部分依赖，因此 R 也属于 3NF，任何属于 BCNF 的关系模式一定属于 3NF，反之则不然。

例如，前面给出的学生关系 S，分解成关系 S_1、S_2 和 S_3，由于关系 S_1、S_2 和 S_3 均属于 BCNF，因此解决了数据冗余等问题。

BCNF 消除了一些原来在 3NF 中可能存在的问题，而且 BCNF 的定义没有涉及 1NF、2NF、主码及传递依赖等概念，较 3NF 更加简洁。3NF 和 BCNF 是在函数依赖的条件下对关系模式分解所能达到的分离程度的度量。一个关系模式若属于 BCNF，那么，它在函数依赖的范畴内已经实现了彻底的分离，并消除了插入异常和删除异常的问题。

任务三　数据库设计

任务引入

小李现在已经掌握了数据库中的各个概念，并对关系数据库有了一定的了解，进而想学习数据库设计，却无从下手。那么，数据库设计包括哪些阶段呢？每个阶段都有什么要求呢？

知识准备

数据库设计是用于建立数据库及其应用系统的技术，是信息系统创建和开发中的核心技术。由于数据库应用系统的复杂性，为了支持相关应用程序的运行，数据库设计就变得异常复杂，因此最佳设计不可能一蹴而就，只能通过反复探寻、逐步求精取得。

数据库设计包括结构特性设计和行为特性设计。前者是指数据库总体概念的设计，它应该是具有最小数据冗余的、能反映不同用户的数据需求的、能实现数据共享的系统。后者是指实现数据库用户业务活动的应用程序的设计，用户通过应用程序来访问和操作数据库。

按照数据库设计的规范，考虑数据库及其应用系统开发的全过程，将数据库设计分为以下 6 个阶段。

- 需要分析阶段
- 概念设计阶段

- 逻辑设计阶段
- 物理设计阶段
- 数据库实施阶段
- 数据库运行和维护阶段

数据库设计步骤如图 1-2 所示。需要指出的是，这个设计步骤包括了数据库应用系统的设计过程。在设计过程中把数据库设计和数据处理的设计紧密结合起来，将这两方面的需求分析、抽象、设计、实现工作同时进行，相互参照，相互补充，以完善两方面的设计。

一、需求分析

需求分析的任务是通过详细调查现实世界中要处理的对象（组织、部门、企业等），充分了解原系统（手动系统或计算机系统）的工作概况，明确用户的各种需求，在此基础上确定新系统的功能。

（一）需求分析的步骤

进行需求分析先要调查清楚用户的实际需求，与用户达成共识，然后分析并表达这些需求。其基本方法是收集和分析用户需求，从中

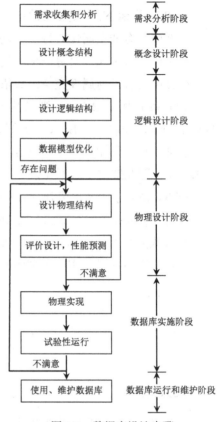

图 1-2　数据库设计步骤

提炼出反映用户活动的数据流图，通过确定系统边界归纳出系统数据，这是数据库设计的关键。收集和分析用户需求一般分为以下 4 个环节。

1. 分析用户活动

从需求的处理着手，分析清楚处理流程。如果处理比较复杂，可将其分解成若干个子处理，使每个处理功能明确、界面清楚。分析之后画出用户活动图。

2. 确定系统范围

不是所有的业务活动内容都适合用计算机处理，有些工作即使在计算机环境下仍需要人工完成，因此画出用户活动图后，还需要确定系统的处理范围，可以在图上标明系统边界。

3. 分析用户活动所涉及的数据

按照用户活动图所包含的每一种应用，弄清楚所涉及的数据的性质、流向和所需的处理，并用"数据流图"表示出来。

数据流图是一种从"数据"和"对数据的加工"两方面表达系统工作过程的图形表示法。数据流图中有以下 4 种基本成分。

1）数据流

数据流用"→"（箭头）表示，是数据在系统内传播的路径，由一组成分固定的数据项组成。例如学生由学号、姓名、性别、出生日期、班号等数据项组成。由于数据流是流动的数据，所以必须有流向。在加工之间、加工与源终点之间、加工与数据存储之间流动，除了数据存储之间的数据流不用命名，其他数据流都应该用名词或名词短语命名。

2）加工（又称数据处理）

加工用"○"（圆或椭圆）表示，指对数据流进行某些操作或变换。每个加工也要有名字，通常是动词短语，简明地描述完成的是什么加工。在分层的数据流图中，加工还应该有编号。

3）数据文件（又称数据存储）

数据文件用"—"（横线）表示，指系统保存的数据，一般是数据库文件。流向数据文件的数据流可以理解为写入文件或查询文件，从数据文件流出的数据可以理解为从文件读数据或得到查询结果。

4）数据的源点或终点

数据的源点或终点用"□"（方框）表示。系统外部环境中的实体（包括人员、组织或其他软件系统）统称为外部实体。它们是为了帮助理解系统接口界面而引入的，一般只出现在数据流图的顶层图中。

4．分析系统数据

分析系统数据就是对数据流图中的每个数据流名、文件名、加工名给出具体的定义，并用一个条目进行描述，描述后的产物就是"数据字典（Data Dictionary，DD）"。DBMS 有自己的数据字典，其中保存了逻辑设计阶段定义的模式、子模式的有关信息；保存了物理设计阶段定义的存储模式、文件存储位置、有关索引及存取方法的信息；还保存了用户名、文件存取权限、完整性约束、安全性要求的信息，因此 DBMS 的数据字典是一个保存了数据库信息的特殊数据库。

（二）需求分析的方法

在众多的需求分析方法中，结构化分析（Structured Analysis，SA）方法是一种简单实用的、面向数据流进行需求分析的方法。它采用自顶向下逐层分解的分析策略来画出应用系统的数据流图。

当面对一个复杂的问题时，分析人员不可能一开始就考虑到所有方面以及全部细节，采取的策略往往是分解，把一个复杂的处理功能划分成若干个子功能，每个子功能还可以继续分解，直到把系统工作过程表示清楚。在处理功能被逐步分解的同时，所用的数据也被逐级分解，形成包含若干层次的数据流图。

数据流图表达了数据和处理过程的关系。在 SA 方法中，处理过程的处理逻辑常常借助判定表或判定树来描述，系统中的数据则借助数据字典来描述。

画数据流图的一般步骤如下。

（1）首先画系统的输入、输出，即先画顶层数据流图。顶层数据流图只包含一个加工，用于表示被设计的应用系统。然后考虑该系统有哪些输入数据，这些输入数据从哪里来；有哪些输出数据，输出到哪里去。这样就定义了系统的输入、输出数据流。顶层数据流图的作用在于表明被设计的应用系统的范围以及它和周围环境的数据交换关系。顶层数据流图只有一张。图 1-3 所示为一个图书借还系统的顶层数据流图。

图 1-3　图书借还系统的顶层数据流图

（2）再画系统内部，即画下层数据流图。层号一般从 0 开始，采用自顶向下、由外向内的原则。画 0 层数据流图时，一般根据当前系统工作分组情况，按新系统应有的外部功能，将顶层数据流图的系统分解为若干子系统，并决定每个子系统间的数据接口和活动关系。

例如，图书借还系统按功能可分成两部分，一部分为读者借书管理，另一部分为读者还书管理，图书借还系统的 0 层数据流图如图 1-4 所示，由于在任一时刻只能使用读者借书管理功能和读者还书管理功能中的一种，所以这两个加工之间采用"⊕"表示。

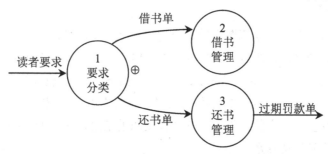

图 1-4　图书借还系统的 0 层数据流图

一般地，画更下层的数据流图时，需要分解上层数据流图中的加工。一般沿着输入流的方向，凡数据流的组成或值发生变化的地方都设置一个加工，这样一直进行到输出数据流（也可沿着输出流到输入流的方向）。如果加工的内部还有数据流，则对此加工在下层数据流图中继续分解，直到每一个加工都足够简单，不能再分解为止。不再分解的加工称为基本加工。

例如，图 1-5 是对 0 层数据流图中的加工进一步分解而得到的基本加工后的图书借还系统的 1 层数据流图。

2号图：

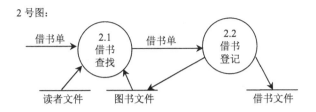

3号图：

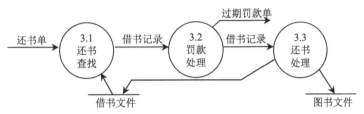

图 1-5 图书借还系统的 1 层数据流图

在画数据流图时应注意以下几点。

（1）命名：不论数据流、数据文件还是加工，合适的命名都能使人们容易理解其中的含义。数据流的名字代表整个数据流的内容，而不仅仅是它的某些成分。不使用缺乏具体含义的名字，如"数据""信息"等。加工名也应反映整个处理的功能，不使用"处理""操作"这些笼统的词。

每个加工至少有一个输入数据流和一个输出数据流，反映出此加工数据的来源与结果。

（2）编号：如果将一张数据流图中的某个加工分解成另一张数据流图，则上层数据流图为父图，直接下层数据流图为子图。子图应有编号，子图上的所有加工也应有编号。子图的编号就是父图中相应加工的编号，加工的编号由子图号、小数点及局部号组成。

（3）父图与子图的平衡：子图的输入、输出数据流同父图相应加工的输入、输出数据流必须一致。

对用户需求进行分析与表达后，必须提交给用户并取得用户的认可。

数据流图表达了数据和处理的关系，但并没有对各个数据流、加工、数据文件进行详细的说明。数据流、数据文件的名字并不能反映其中的数据成分、数据项和数据特性，在加工中也不能反映处理过程等。数据字典就是用来定义数据流图中各个成分的具体含义的，它以一种准确的、无二义性的说明方式，为系统的分析、设计及维护提供了有关元素的一致的、详细的定义和描述。

数据字典有 4 类条目：数据流、数据文件、数据项、加工。数据项是组成数据流和数据文件的最小元素。源点、终点不在系统内，故一般不在字典中说明。

1）数据流条目

数据流条目给出了数据流图中的数据流的定义，通常会列出该数据流的各组成数据项。在定义数据流或数据存储时，需要使用表 1-1 所示的符号。

表 1-1　在数据字典的定义式中出现的符号

符号	含义	实例及说明
=	被定义为	
+	与	x=a+b 表示 x 由 a 和 b 组成
[…|…]	或	x=[a|b]表示 x 由 a 或 b 组成
{…}	重复	x={a}表示 x 由 0 个或多个 a 组成
(…)	可选	x=(a)表示 a 可在 x 中出现，也可不出现
..	连接符	x=1..9，表示 x 可取 1 到 9 中任意一个值

在图书借还系统的数据流图中的数据流条目的说明如下。

读者要求=[借书单|还书单]。

借书单=读者编号+图书编号。

还书单=图书编号。

借书记录=读者编号+图书编号+借书日期。

过期罚款单=读者编号+姓名+罚款数。

2）数据文件条目

数据文件条目是对数据文件的定义，每个数据文件包括文件名、数据组成和数据组织等。

在图书借还系统的数据流图中的数据文件条目的说明如下。

文件名：读者文件。

数据组成：{读者编号+姓名+班号}。

数据组织：按读者编号递增排列。

文件名：图书文件。

数据组成：{图书编号+书名+作者+…+借否}。

数据组织：按图书编号递增排列。

文件名：借书文件。

数据组成：{图书编号+读者编号+借书日期}。

数据组织：按图书编号递增排列。

3）数据项条目

数据项条目是不可以再分解的数据单位，其定义包括数据项的名称、数据类型和长度等。例如，在图书借还系统的数据流图中的数据项条目的说明如下。

读者编号=C(13)：表示长度为 13 的字符串。

图书编号=C(13)：表示长度为 13 的字符串。

借书日期=D(8)：表示长度为 8 的日期类型。

借否=[TRUE|FALSE]：TRUE 表示已借，FALSE 表示未借。

姓名=C(12)：表示长度为 12 的字符串。

罚款数=N(5,1)：表示长度为 5、小数位为 1 位的实数。

4）加工条目

加工条目主要说明加工的功能及处理要求。功能是指该处理过程用来做什么，而不是怎么做；处理要求包括处理频度要求，如单位时间处理多少事务、多少数据量、响应时间要求等。这些处理要求是后面物理设计的输入及性能评价的标准。

在图书借还系统的数据流图中，编号为 2.1 的加工条目的说明如下。

加工编号：2.1。

加工名称：借书查找。

加工功能：根据借书单中的读者编号，确定是否为有效读者（有效读者是指在读者文件中能够找到该编号的读者记录），然后根据借书单中的图书编号，在图书文件中查找该编号下尚未借出（借否=FALSE）的图书记录。

二、概念设计

概念设计阶段的目标是产生整体数据库概念结构，即概念模式，它是整个组织中的用户都关心的信息结构。描述概念结构的有力工具是 E-R 模型。

设计概念结构的 E-R 模型可采用 4 种策略。

自顶向下：首先定义全局概念结构的 E-R 模型框架，然后逐步细化。

自底向上：首先定义各局部概念结构的 E-R 模型，然后将它们集成，得到全局概念结构的 E-R 模型。

由里向外：首先定义最重要的核心概念结构的 E-R 模型，然后向外扩充，生成其他概念结构的 E-R 模型。

混合策略：自顶向下和自底向上相结合的方法，用自顶向下的策略设计一个全局概念结构框架，以它为骨架集成在自底向上策略中设计的各局部概念结构的 E-R 模型。

这里主要介绍自底向上策略，即先建立各局部概念结构的 E-R 模型，然后集成为全局概念结构的 E-R 模型。

（一）局部应用 E-R 模型设计

利用系统需求分析阶段得到的数据流图、数据字典和系统分析报告，建立对应于每一个部门（或应用）的局部 E-R 模型。这里最关键的问题是如何确定实体（集）和实体属性，换句话说，首先要确定系统中的每一个子系统包含哪些实体，以及这些实体又包含哪些属性。

在设计局部 E-R 模型时，最大的困难莫过于实体和属性的正确划分。实体和属性的划分没有绝对的标准。在划分时，首先按照现实世界中事物的自然定义来划分实体及其属性，然后再进行必要的调整，调整的原则如下。

（1）实体及其属性间保持 1:1 或 1:n 关系。例如学生实体和其属性年龄、性别、民族等就符合这个原则。一个学生只能有一个年龄值、一种性别，属于一个民族；但可以有许多学生具有同一个年龄值、同一种性别，同属于一个民族。

按自然定义划分可能出现实体和属性间的 1:n 关系。例如，学生实体和成绩属性之间就属于这种情况，一个学生可能选修多门课程，对应有多个成绩。所以完全按自然定义划分就不符合这里的原则。可以将成绩调整为一个实体，而不再作为学生实体的一个属性，从而建立学生实体和成绩实体间的 1：n 关系。

（2）描述实体的属性本身不能再有需要描述的性质。在上面的例子中，学生的成绩属性不但违反了原则 1 而且违反了原则 2，因为成绩作为属性虽然可以描述学生实体，但是它本身又是需要进行描述的，如需要指出课程号等，所以把成绩属性分离出来成为一个实体就比较合理。

此外，我们还会遇到这样的情况，同一个数据项，可能由于环境和要求的不同，有时应作为属性，有时则应作为实体，此时就必须依实际情况确定。在一般情况下，能作为属性对待的尽量作为属性对待，以简化 E-R 模型的处理。

（二）总体概念 E-R 模型设计

综合各部门（或应用）的局部 E-R 模型，就可以得到系统的总体 E-R 模型。综合局部 E-R 模型得出总体概念 E-R 模型的方法有两种。

- 多个局部 E-R 模型一次综合。
- 多个局部 E-R 模型逐步综合，用累加的方式一次综合两个 E-R 模型。

第 1 种方法比较复杂，第 2 种方法每次只综合两个 E-R 模型，可降低难度。无论哪种方法，每次综合都可以分为两步。

- 合并，解决各局部 E-R 模型之间的冲突问题，生成初步的 E-R 模型。
- 修改和重构，消除不必要的冗余，生成基本的 E-R 模型。

以下分步介绍。

1. 消除冲突，合并局部 E-R 模型

各类局部应用不同，通常由不同的设计人员去设计局部 E-R 模型。因此，各局部 E-R 模型不可避免地存在不一致，我们称之为冲突。冲突的类型如下。

1）属性冲突

- 属性域冲突，即属性值的类型、取值范围或取值集合不同。例如年龄，可能用出生年月或整数表示；又如零件号，不同的部门可能用不同的编码方式。
- 属性的取值单位冲突。

2）结构冲突

- 同一事物的不同抽象。例如：职工，在一个应用中为实体，在另一个应用中为属性。
- 同一实体在不同的应用中属性组成不同，包括个数、次序。
- 同一联系在不同应用中呈现不同类型。

3）命名冲突

包括属性名、实体名、联系名之间的冲突。

- 同名异义，不同意义的事物具有相同的名称。

- 异名同义（一义多名），同一意义的事物具有不同的名称。

属性冲突和命名冲突可以通过协商来解决，结构冲突则要认真分析后通过技术手段来解决。举例如下。

- 要使同一事物具有相同的抽象，可以把实体转换为属性，也可以把属性转换为实体。
- 同一实体合并时的属性组成，通常是把 E-R 模型中的同名实体及其各属性合并起来，再进行适当的调整得到的。
- 实体联系类型可以根据语义进行综合或调整。

局部 E-R 模型合并的目的不在于把若干个局部 E-R 模型形式上合并为一个 E-R 模型，而在于消除冲突，使之成为全系统中所有用户能共同理解和接受的统一概念模型。

2. 消除不必要的冗余

在初步的 E-R 模型中，可能存在冗余的数据或冗余的联系。冗余的数据是指可以由基本的数据导出的数据，冗余的联系是指可以由其他的联系导出的联系。冗余的存在容易破坏数据库的完整性，给数据库的维护增加困难。通常用分析的方法消除冗余。我们把消除了冗余的初步 E-R 模型称为基本的 E-R 模型。

概念模型设计是成功建立数据库的关键，它决定了数据库的总体逻辑结构，是未来建成的信息管理系统的基石。如果设计不好，就不能充分发挥数据库的效能，无法满足用户的处理需求。因此，设计人员必须和用户一起，对概念模型进行反复认真的讨论，只有在用户确认模型已经完整无误地反映了他们的需求之后，才能进入下一阶段的设计工作。

三、逻辑设计

E-R 模型表示的概念模型是用户的模型。它独立于任何一种数据模型，独立于任何一个具体的数据库管理系统。因此，需要先把概念模型转换为某个具体的数据库管理系统所支持的数据模型，然后建立用户需要的数据库。由于国内目前使用的数据库系统基本上都是关系型的，因此本书将讨论 E-R 模型向关系模型的转换。

1. E-R 模型向关系模型的转换

（1）若实体间是 1∶1 关系，则可以在两个实体类型转换成的两个关系模式中选任意一个关系模式的属性，加入另一个关系模式的主码和联系的属性。

（2）若实体间是 1∶n 关系，则在 n 端实体类型转换成的关系模式中，加入 1 端实体类型转换成的关系模式的主码和联系的属性。

（3）若实体间是 m∶n 关系，则将联系类型也转换成关系模式，其属性为两端实体的主码加上联系的属性，而该主码为两端实体主码的组合。

2. 关系规范化

应用规范化理论对上述产生的关系模式进行初步的优化。规范化理论是数据库逻辑设计的指南和工具，具体步骤如下。

（1）考查关系模式的函数依赖关系，确定范式等级。逐一分析各关系模式，考查是否存在部分函数依赖、传递函数依赖等，并分别确定它们属于第几范式。

（2）对关系模式进行合并或分解。首先，考查关系模式是否合乎应用的要求，从而确定是否要对这些模式进行合并或分解。例如，具有相同主码的关系模式一般可以合并（需要以主码进行连接操作的除外）。对于非 BCNF 的关系模式，要考察"异常""弊病"是否对实际应用产生影响，对于那些只是查询、不执行更新操作的应用，则不必对模式进行规范化（分解）。实际应用中并不是规范化程度越高越好，有时分解、消除、更新异常所带来的好处与频繁查询需要进行的自然连接所带来的效率低的问题相比会得不偿失。对于需要分解的关系模式，可以用上面介绍的规范化的方法和理论进行模式分解。然后，对产生的各关系模式进行评价、调整，从而确定出比较合适的一组关系模式。

规范化的理论提供了判断关系模式优劣的标准，可以帮助预测模式可能出现的问题，是产生各种模式的算法工具，是设计人员的得力助手。

3. 关系模式的优化

为了提高数据库应用系统的性能，特别是提高数据的存取效率，还必须对上述产生的关系模式进行优化，即修改、调整和重构。经过反复的尝试和比较，最后得到经过优化的关系模式。

四、物理设计

逻辑设计完成后，下一步的任务就是进行系统的物理设计。物理设计确定在计算机的物理设备上应采取哪种数据存储结构和存取方法，以及解决如何分配存储空间等问题。在确定完成之后，应用系统所选用的 DBMS 提供的数据定义语言会把逻辑设计的结果（数据库结构）描述出来，并将源模式转换成目标模式。由于目前使用的 DBMS 基本上都是关系型的，所以物理设计的主要工作是由系统自动完成的，用户只需要关心索引文件的创建即可。对于微型计算机关系数据库的用户来说，可做的事情更少，只需要用 DBMS 提供的数据定义语言建立数据库结构即可。

常用的存取方法有 3 种。

（1）索引方法，目前主要是 B+树索引方法。

（2）聚簇方法。

（3）HASH 方法。

五、数据库实施

设计人员运营 DBMS 提供的数据库语言及宿主语言，根据逻辑设计和物理设计的结果建立数据库，编写和调试应用程序，组织数据入库，并进行试运行。

六、数据库运行和维护

数据库应用系统在经过试运行后,即可投入正式运行。在数据库系统运行的过程中必须不断地对其进行评价、调整和修改。

项目总结

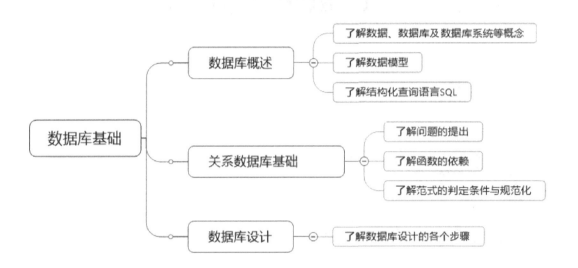

项目二

Oracle 基础

小知识——关于党的二十大

党的二十大："三个务必"
——全党同志务必不忘初心、牢记使命，务必谦虚谨慎、艰苦奋斗，务必敢于斗争、善于斗争，坚定历史自信，增强历史主动，谱写新时代中国特色社会主义更加绚丽的华章。

素养目标

- ➢ 了解什么是 Oracle，对其发展历史有较清楚的认识，培养探究精神。
- ➢ 逐步培养勤于动手、乐于实践的学习习惯。

技能目标

- ➢ 了解 Oracle 的发展过程和体系结构。
- ➢ 能够下载与安装 Oracle。
- ➢ 能够掌握 Oracle 管理工具的使用。

项目导读

Oracle 是一款关系型数据库管理软件，在使用该软件进行数据库管理之前，首先得对 Oracle 进行了解。

本项目主要介绍 Oracle 的概念及体系结构，Oracle 的下载与安装，以及 Oracle 管理工具。

任务一　Oracle 简介

任务引入

小李已经对数据库有了一定的了解，经过查询资料，他知道了关系型数据库的应用系统主要有 Oracle 和 MySQL 两种，由于占主导地位的是 Oracle，而且学校开设的课程为 Oracle 数据库应用，所以小李决定先对 Oracle 进行了解。那么，什么是 Oracle？它具有什么样的体系结构呢？

知识准备

一、什么是 Oracle

Oracle，全称 Oracle Database，是甲骨文公司的一款关系型数据库管理软件。该数据库管理软件具有可移植性好、使用方便、性能强大等特点，是在世界范围内被广泛使用的关系型数据库管理软件。不仅如此，Oracle 数据库管理软件还提供了一种高效率的、能适应高吞吐量的、可靠性好的数据库解决方案。

Oracle 有以下特点。

1. 完整的数据管理功能

- 数据量巨大。
- 数据保存持久。
- 数据可共享。
- 数据可靠性高。

2. 关系完备

- 符合信息准则。
- 符合保证访问的准则。
- 符合视图更新准则。
- 符合数据物理性和逻辑性独立准则。

3. 分布式处理功能

Oracle 数据库自第 5 版起就提供了分布式处理能力，到第 7 版就有了比较完善的分布式数据库功能。一个 Oracle 分布式数据库由数据库操作系统、SQL*Net、SQL*Connect 和其他非 Oracle 的关系型产品构成。

4. 轻松地实现数据仓库的操作

二、Oracle 的发展过程

了解 Oracle 的发展过程是我们学习 Oracle 的第一步,也是必要的一步,只有了解了 Oracle 的发展过程才能够更深入地理解 Oracle,从而学好 Oracle。

1977 年 6 月,Larry Ellison、Bob Miner 和 Ed Oates 共同创办了一家名为软件开发实验室(Software Development Laboratories,SDL)的计算机公司(甲骨文公司的前身)。

1979 年,SDL 更名为关系软件有限公司(Relational Software Inc.,RSI),毕竟"软件开发实验室"不太像一个大公司的名字。

1979 年,RSI 公司(那时候公司还不叫"甲骨文")在夏季发布了可用于 DEC 公司的 PDP-11 计算机上的商用产品 Oracle,这个数据库产品整合了比较完整的 SQL 实现,其中包括子查询、连接及其他特性。

1983 年 3 月,RSI 发布了 Oracle 第 3 版。自此 Oracle 产品具备了一个关键的特性:可移植性。

为了突出公司的核心产品,RSI 便再次更名为甲骨文(Oracle Systems Corporation)。

1984 年 10 月,甲骨文公司发布了第 4 版产品。产品的稳定性总算得到了一定的增强,用 Bob Miner 的话说,达到了"工业强度"。

1985 年,甲骨文公司发布了 Oracle 第 5 版。有用户说,Oracle 第 5 版算得上是 Oracle 数据库的稳定版本。

1988 年,Oracle 第 6 版发布。该版本引入了行级锁(Row-level Locking)这个重要的特性,也就是说,执行写入的事务处理只锁定受影响的行,而不是整个表。

1992 年 6 月,Oracle 第 7 版发布。该版本增加了许多新的特性:分布式事务处理功能、增强的管理功能、用于应用程序开发的新工具以及安全性方法。

1997 年 6 月,Oracle 第 8 版发布。Oracle 8 支持面向对象的开发及新的多媒体应用,也为支持 Internet、网络计算等奠定了基础。同时,这一版本开始具备能同时处理大量用户请求和海量数据的特性。

1998 年 9 月,甲骨文公司正式发布 Oracle 8i("i"代表"Internet")。该版本添加了大量为支持 Internet 而设计的特性,也为数据库用户提供了全方位的 Java 支持。

2001 年 6 月,甲骨文公司发布了 Oracle 9i。在 Oracle 9i 的诸多新特性中,最重要的就是 Real Application Clusters(RAC)了。

2003 年 9 月 8 日,在旧金山举办的 Oracle World 大会上,Larry Ellison 宣布下一代数据库产品为"Oracle 10g"("g"代表"grid",网格)。Oracle 应用服务器 10g(Oracle Application Server 10g)也将作为甲骨文公司下一代的应用基础架构软件集成套件。这一版的最大特性就是加入了网格计算的功能。

2007 年 11 月,Oracle 11g 正式发布,在功能上大大加强。这是甲骨文公司 30 年来发布的最重要的数据库版本，根据用户的需求实现了信息生命周期管理（Information Lifecycle Management）等多项创新，大幅提高了系统的安全性。全新的 Data Guard 最大化了可用性，利用全新的高级数据压缩技术减少了数据存储的支出，明显缩短了部署应用程序测试环境及分析测试结果所花费的时间，增加了对 RFID Tag、DICOM 医学图像、3D 空间等重要数据类型的支持，加强了对 Binary XML 的支持和性能优化。

2013 年 6 月 26 日，甲骨文公司发布了 Oracle 12C。该版本引入了 CDB 与 PDB 的新特性，Oracle 12C 数据库引入的多租用户环境（Multitenant Environment）允许一个数据库容器（CDB）承载多个可插拔数据库（PDB）。

2018 年 2 月 16 日，Oracle 18C 发布，依旧秉承着 Oracle 的 Cloud first 理念，在 Cloud 和 Engineered Systems 上推出。

目前 Oracle 已更新到 Oracle 19 C 版本。

三、Oracle 体系结构

（一）内存结构

按照内存的使用方法的不同，Oracle 数据库可以分为系统全局区（SGA）、程序全局区（PGA）和用户全局区（UGA）。

1. 系统全局区

系统全局区是为系统分配的一组共享的内存结构，可以包含一个数据库实例的数据或控制信息。它包括以下内容。

（1）数据块缓存区：数据块缓存区（Data Block Buffer Cache）是 SGA 中的一个高速缓存区域，用来存储从数据库中读取数据段的数据块（如表、索引和簇），大小由数据库服务器 init.ora 文件中的 DB_LOCK_BUFFERS 参数决定（用数据块的个数表示）。

（2）字典缓存区：字典缓存区通过最近最少使用（LRU）算法来管理，大小由数据库内部管理。字典缓存区是 SQL 共享池的一部分，SQL 共享池的大小由数据库文件 init.ora 中的 SHARED_POOL_SIZE 参数决定。

（3）重做日志缓冲区：用于记载实例的变化。当执行 DDL 或 DML 语句时，服务器进程先将事务的变化记载到重做日志缓冲区中，然后才会修改数据高速缓存区。

（4）SQL 共享池：SQL 共享池存储数据字典缓存区及库缓存区（Library Cache），即对数据库进行操作的语句信息。当数据块缓存区和数据字典缓存区能够共享数据库用户间的结构及数据信息时，库缓存区允许共享常用的 SQL 语句。

（5）大池：大池（Large Pool）是一个可选内存区。如果需要使用线程服务器或频繁执行备份、恢复操作，则只要创建一个大池，就可以更有效地管理这些操作。

（6）Java 池：Java 池在数据库中支持 Java 的运行，并存放 Java 代码和 Java 语句的语法分析表，一般不小于 20MB，便于安装 Java 虚拟机。

（7）流池：从重做日志缓冲区中提取变更记录和应用变更记录的进程会用到流池。

2. 程序全局区

程序全局区不是实例的一部分，它包含单个服务器进程或单个后台进程所需的数据和控制信息。程序全局区是在用户进程连接到数据库并创建一个会话时由系统自动分配的，该区域内保留着每个与 Oracle 数据库连接的用户进程所需的内存。当一个用户会话结束时，程序全局区就会被释放。

3. 用户全局区

用户全局区为用户进程存储会话状态。

用户全局区可以作为系统全局区或程序全局区的一部分，具体位置取决于连接 Oracle 的方式。

- 如果通过一个共享服务器连接，则用户全局区包含在系统全局区中。
- 如果通过一个专有服务器连接，则用户全局区就包含在专有服务器的程序全局区中。

（二）进程结构

1. 用户进程

用户进程是一个与 Oracle 服务器进行交互的程序。一般的客户端软件，如 Oracle 的 SQL*Plus、SQL Developer 或一些驱动程序等，在向数据库发送请求时即创建了用户进程。

2. 服务器进程

当监听程序监听到客户端发来了一个请求，系统在创建会话时便会为其分配一个对应的服务器进程（Server Process）。服务器进程的主要作用是处理连接到当前实例的用户进程的请求，执行客户端发来的 SQL 命令并返回执行结果。

3. 后台进程

数据库的物理结构与内存结构之间的交互要通过后台进程来完成，包括以下内容。

（1）DBWn 进程：负责将数据库的高速缓存区中经过修改的缓冲区（灰数据缓冲区）写入磁盘。

（2）LGWR 进程：负责管理重做日志缓冲区，即将重做日志缓冲区的条目写入磁盘中的重做日志文件。

（3）CKPT 进程：该进程可以在检查点出现时修改全部数据文件的标题并指示该检查点。通常该任务由 LGWR 进程执行，然而，如果检查点明显地降低了系统性能，则可将原来由 LGWR 进程执行的检查点的工作分离出来，由 CKPT 进程实现。

（4）SMON 进程：该进程在启动时会执行实例恢复并清理不再使用的临时段。在具有并行服务器选项的环境下，SMON 进程可以恢复有故障的 CPU 或实例。

（5）PMON 进程：负责在用户进程失败时恢复进程、清除数据库的高速缓存区并释放该用户进程占用的资源；PMON 进程还可以定期检查分派程序和服务器进程的状态，并重新启动任何已停止运行的分派程序和服务器进程。

（6）RECO 进程：是一个用于分布式数据库配置的后台进程，可以自动解决涉及分布式事务处理的故障。

（7）ARCn 进程：该进程将已被填满的在线日志文件复制到指定的存储设备中。

（8）LCKn 进程：发生日志切换之后，归档进程（ARCn）会将重做日志文件复制到指定的存储设备中，仅当数据库处于 ARCHIVELOG 模式且已启用自动归档时才会存在。

（9）Dnnn 进程：该进程允许用户进程共享有限的服务器进程。没有调度进程时，每个用户进程都需要一个专用服务进程（Dedicated Server Process）。

（三）物理结构

物理结构包含数据文件、日志文件、控制文件和参数文件。

1. 数据文件

每一个 Oracle 数据库都有一个或多个物理的数据文件，一个数据库的数据文件包含该数据库中的全部数据。

数据文件有下列特征。

- 一个数据文件仅与一个数据库联系。
- 一旦建立，数据文件就不能改变大小。
- 一个表空间（数据库存储的逻辑单位）由一个或多个数据文件组成。

2. 日志文件

每一个数据库都有含两个或两个以上日志文件（Redo Log File）的组，称为日志文件组，用于收集数据库日志。日志的主要功能是记录对数据所做的修改，因此对数据库做的全部修改是记录在日志中的。

日志文件主要用来保护数据库以防止故障。为了防止日志文件本身的故障，Oracle 允许使用镜像日志（Mirrored Redo Log）在不同的磁盘上维护两个或多个日志副本。日志文件中的信息仅用于在系统故障或介质故障时恢复数据库，这些故障会阻止将数据库的数据写入到数据库的数据文件中。

Oracle 包括两种日志文件类型：联机日志文件和归档日志文件。

- 联机日志文件：用来循环记录数据库的修改的操作系统文件。
- 归档日志文件：为避免联机日志文件重写时丢失数据而对联机日志文件所做的备份。

3. 控制文件

每一个 Oracle 数据库都有一个控制文件（Control File），负责记录数据库的物理结构，包括下列信息。

- 数据库名。
- 数据库数据文件和日志文件的名字和位置。
- 数据库建立日期。

Oracle 数据库基础与应用

在每一次启动 Oracle 数据库的实例时，控制文件都会标识数据库和日志文件，当着手数据库操作时它们必须被打开。当数据库的物理组成被更改时，Oracle 会自动更改该数据库的控制文件。在恢复数据时也要使用控制文件。

4. 参数文件

参数文件记录了 Oracle 数据库的基本参数信息，包括数据库名、控制文件所在路径、进程等。

（四）逻辑结构

Oracle 的逻辑结构是一种层次结构，主要由数据块、数据区、段和表空间等组成。逻辑结构是面向用户的，用户在 Oracle 上开发应用程序时使用的就是逻辑结构。

1. 数据块

数据块是 Oracle 中最小的存储单位，Oracle 数据被存放在"块"中，一个块占用一定的磁盘空间。特别需要注意的是，这里的"块"是 Oracle 的"数据块"，不是操作系统的"块"。

Oracle 在每次请求数据时，都以块为单位，也就是说，Oracle 每次请求的数据都是块的整数倍。如果 Oracle 请求的数据量不满足一整块，Oracle 也会读取整个块。因此，"块"是 Oracle 读写数据的最小单位或最基本的单位。

块的标准大小由初始化参数 DB_BLOCK_SIZE 指定。具有标准大小的块被称为标准块（Standard Block），大小和标准块的大小不同的块被称为非标准块（Non standard Block）。

块用于存放表和索引的数据，无论存放哪种类型的数据，块的格式都是相同的，块由块头（Header/Common and Variable）、表目录（Table Directory）、行目录（Row Directory）、空余空间（Free Space）和行数据（Row Data）5 部分组成。

- 块头：存放块的基本信息。如块的物理地址、块所属的段的类型（是数据段还是索引段）。
- 表目录：存放表的信息，如果一些表的数据被存放在这个块中，那么，这些表的相关信息将被存放在表目录中。
- 行目录：如果块中有行数据，则这些行的信息将被记录在行目录中。这些信息包括行的地址等。
- 空余空间：空余空间是一个块中未被使用的区域，用于新行的插入和已存在行的更新。
- 行数据：是真正存放表数据和索引数据的地方，这部分空间是已被数据行占用的空间。

2. 数据区

数据区是一组连续的数据块。当一个表、回滚段或临时段被创建或需要附加空间时，系统总是为之分配一个新的数据区。一个数据区不能跨越多个文件，因为它包含连续的数据块。使用数据区的目的是保存特定数据类型的数据，数据区是表中数据增长的基本单位。Oracle 数据库是以数据区为单位分配空间的，一个 Oracle 对象至少包含一个数据区。一个表或索引的存储参数包含它的数据区大小。

3．段

段是由多个数据区构成的，是为特定的数据库对象（如表段、索引段、回滚段、临时段）分配的一系列数据区。段内包含的数据区可以不连续并跨越多个文件。使用段的目的是保存特定的对象。

Oracle 数据库有 4 种类型的段，分别为数据段、索引段、回滚段和临时段。

- 数据段：数据段也称表段，它包含数据，并且与表和簇相关。当创建一个表时，系统会自动创建一个与该表同名的数据段。
- 索引段：包含用于提升系统性能的索引。一旦建立索引，系统会自动创建一个与该索引同名的索引段。
- 回滚段：包含回滚信息，在恢复数据库期间使用，以便为数据库提供读入一致性并回滚未提交的事务，即用来回滚事务的数据空间。当一个事务开始处理时，系统为之分配回滚段，回滚段可以动态地创建和撤销。系统有一个默认的回滚段，其管理方式既可以是自动的，也可以是手动的。
- 临时段：它是 Oracle 在运行过程中自行创建的段。当一个 SQL 语句需要临时工作区时，由 Oracle 建立临时段，一旦语句执行完毕，临时段占用的区间便退回给系统。

4．表空间

表空间（System Table Space）是数据块的逻辑划分。任何数据库对象时都必须存储在某个表空间中。表空间对应若干个磁盘文件，即表空间是由一个或多个磁盘文件组成的。表空间相当于操作系统中的文件夹，是数据库逻辑结构与物理结构之间的映射。每个数据库都至少有一个表空间，表空间的大小等于所有从属于它的数据文件大小的总和。

任务二　Oracle 下载与安装

任务引入

小李想要学习 Oracle，就必须先下载和安装 Oracle。那么，怎样下载软件？如何安装软件呢？

知识准备

一、Oracle 的下载

（1）打开 Oracle 官方网站，选择"Products"选项，打开对应页面，如图 2-1 所示。

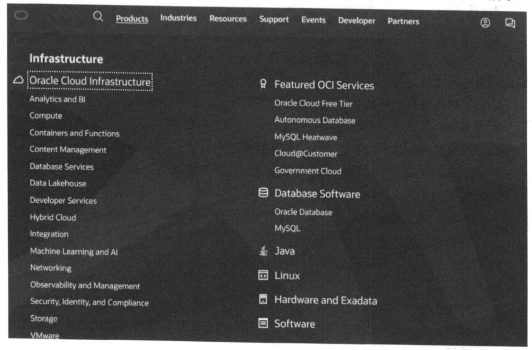

图 2-1　Oracle 官方网站

（2）单击"Database Software"中的"Oracle Database"文字链接，进入图 2-2 所示的页面。单击"Download Oracle Database 19c"文字链接。

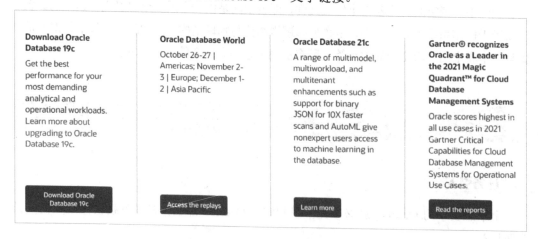

图 2-2　Oracle Database 页面

（3）进入图 2-3 所示的下载页面，选择合适的版本，这里选择"Oracle Database

19c"→"19.3-Enterprise Edition(also includes Standard Edition 2)"→"Microsoft Windows x64Z(64-bit)"版本，单击"ZIP"文字链接，打开图 2-4 所示的接受许可对话框，勾选复选框，单击"Download WINDOWS.X64_193000_db_home.zip"按钮。

（4）进入 Oracle 账户登录页面，如图 2-5 所示。由于之前没有 Oracle 账户，所以这里单击"创建账户"按钮，进入账户创建页面，如图 2-6 所示，输入相关信息，然后单击"创建账户"按钮。

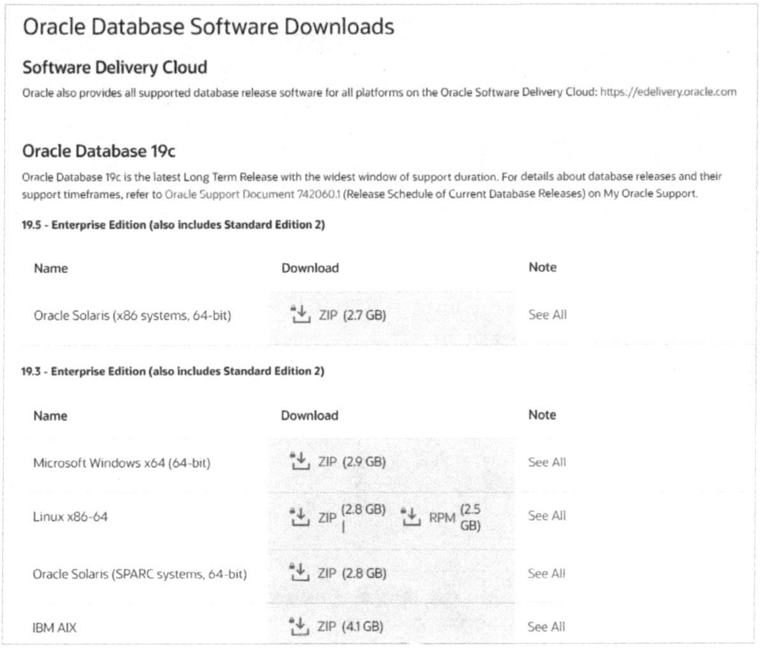

图 2-3 下载界面

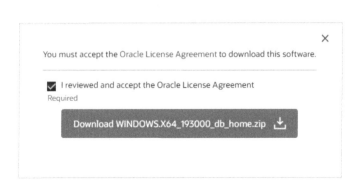

图 2-4 接受许可对话框

图 2-5 Oracle 账[①]户登录页面

---

① "帐户"为错误用法，正确的用法为"账户"，后文同。

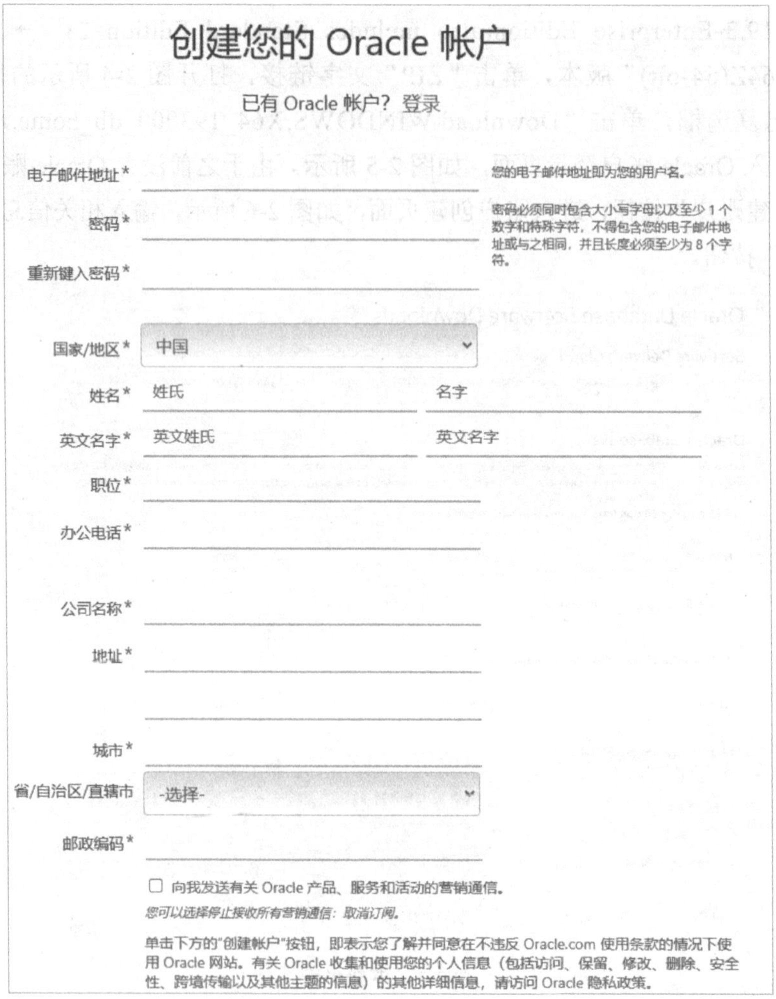

图 2-6 账户创建页面

（5）在账户登录页面中输入上一步创建的用户名和密码，单击"登录"按钮，开始下载软件，如图 2-7 所示。

图 2-7 下载软件

二、Oracle 的安装

（1）将下载后的 Oracle 安装包解压缩到本地，如图 2-8 所示。

项目二　Oracle 基础

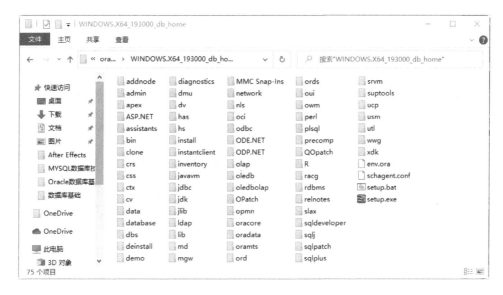

图 2-8　解压缩到本地的安装包

（2）右击 setup.exe 文件，在弹出的快捷菜单中选择"以管理员身份运行"命令，打开"选择配置选项"对话框，如图 2-9 所示，选中"创建并配置单实例数据库"。

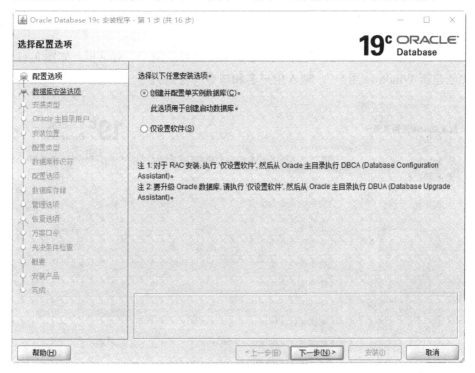

图 2-9　"选择配置选项"对话框

（3）单击"下一步"按钮，打开"选择系统类"对话框，如图 2-10 所示。如果仅用于学习，则选中"桌面类"即可，可以节省很多资源。

Oracle 数据库基础与应用

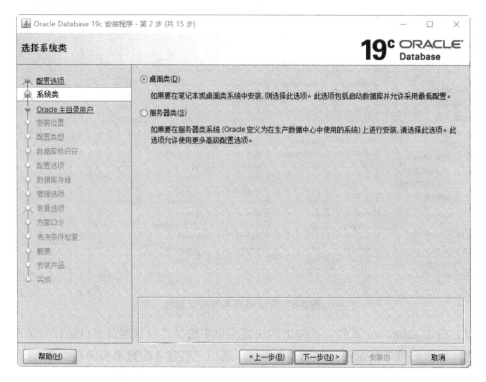

图 2-10 "选择系统类"对话框

（4）单击"下一步"按钮，打开"指定 Oraclc 主目录用户"对话框，如图 2-11 所示。选中"创建新 Windows 用户"，输入用户名和口令（密码）。

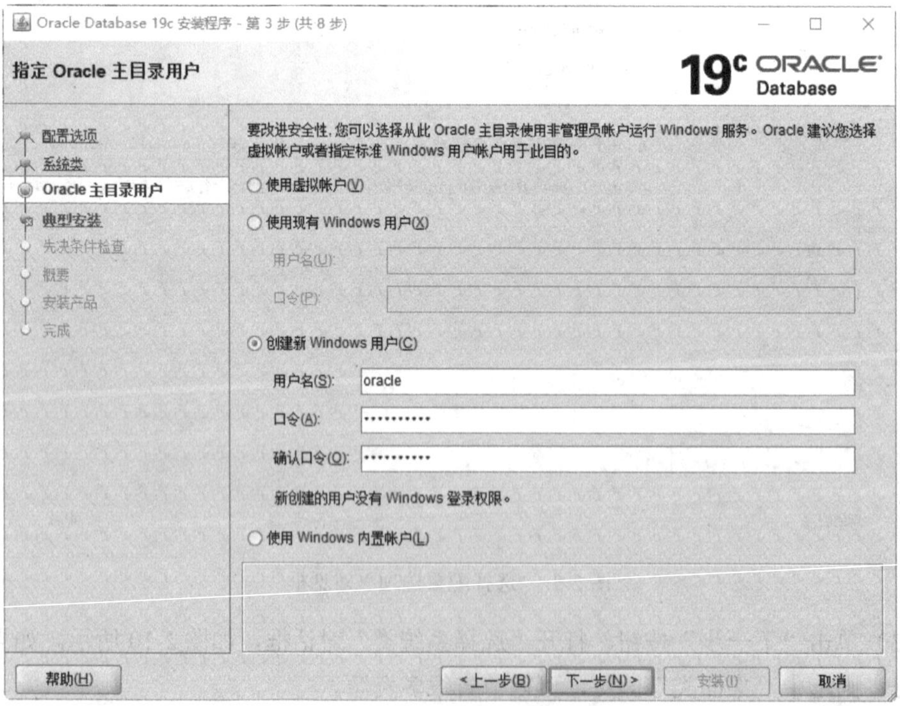

图 2-11 "指定 Oracle 主目录用户"对话框

（5）单击"下一步"按钮，打开"典型安装配置"对话框，如图 2-12 所示。配置 Oracle 基目录和数据库文件位置，输入全局数据库名和口令，取消勾选"创建为容器数据库"复选框。

图 2-12 "典型安装配置"对话框

（6）单击"下一步"按钮，提示"输入的 ADMIN 口令不符合 Oracle 建议的标准"，表示输入的密码过于简单，单击"是"按钮，打开下一步的对话框，进行先决条件检查、检查内存、磁盘空间等是否充足。单击"下一步"按钮，打开"概要"对话框，可以看到先前所有配置的安装信息，如图 2-13 所示。

（7）如果没有问题，单击"安装"按钮，打开"安装产品"对话框，开始安装 Oracle，可以单击"详细资料"按钮来查看安装进程，如图 2-14 所示。

（8）打开"完成"对话框，显示"Oracle Database 的配置已成功"，如图 2-15 所示，表示安装完成。

Oracle 数据库基础与应用

图 2-13 "概要"对话框

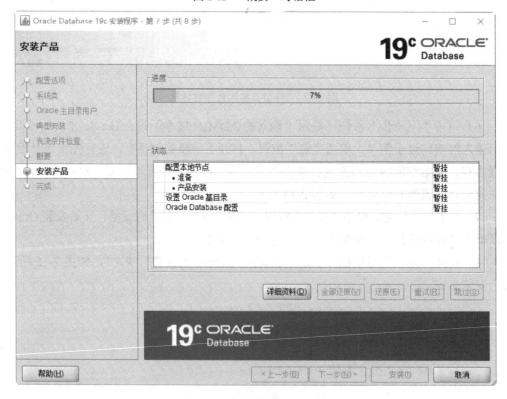

图 2-14 "安装产品"对话框

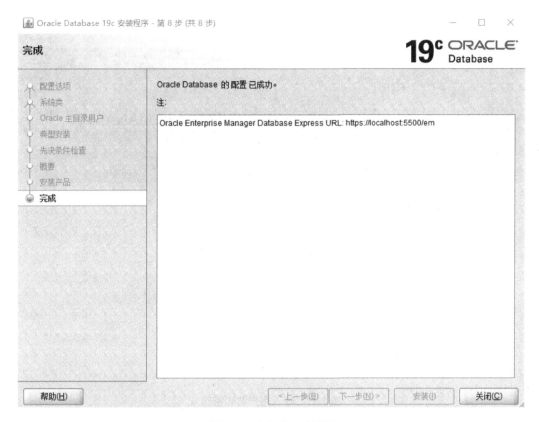

图 2-15 "完成"对话框

三、测试安装是否成功

方法一 通过命令行执行

(1) 选择"开始"→"Windows 系统"→"命令提示符"菜单命令,打开"命令提示符"窗口。

(2) 输入 sqlplus /nolog,如果出现了版本信息,则安装成功,如图 2-16 所示。

图 2-16 版本信息

方法二 登录网页验证

(1) 登录 https://localhost:5500/em/login,打开登录页面。

(2) 输入用户名 sys 和安装时设置的密码,如图 2-17 所示。

Oracle 数据库基础与应用

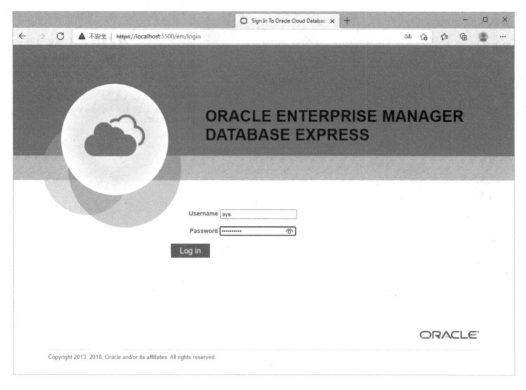

图 2-17　输入用户名和密码

（3）单击 "Log in" 按钮，打开图 2-18 所示的页面，表示安装成功。

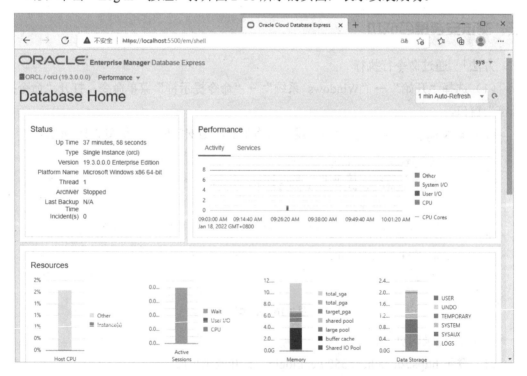

图 2-18　安装成功

任务三　Oracle 管理工具

任务引入

小李已经下载并安装了 Oracle。那么，可以使用哪些工具对 Oracle 进行管理呢？怎么启动 SQL*Plus 管理工具？怎么在 SQL Developer 管理工具中连接到用户？

知识准备

我们要对 Oracle 数据库进行操作自然需要用到 Oracle 管理工具，常用的有 4 种。

一、SQL*Plus 工具

SQL*Plus 是以命令行的方式管理 Oracle 数据库的工具，缺点是需要学习命令，优点是功能强大，并且在学会了命令之后，能更了解底层实现，从而使操作更加快捷、方便。

SQL*Plus 是安装 Oracle 数据库服务器或客户端时自动安装的交互式查询工具，有一个命令行界面，允许用户连接到 Oracle 数据库服务器并交互执行语句。

1. 启动和连接 SQL*Plus

方法一　从菜单中启动 SQL*Plus

（1）选择"开始"→"所有程序"→"Oracle OraDB19Home1"→"SQL Plus"菜单命令，打开图 2-19 所示的 SQL*Plus 启动界面。

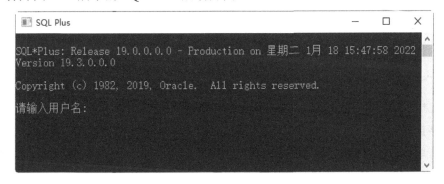

图 2-19　SQL*Plus 启动界面

（2）在命令提示符的位置输入登录用户（如 SYSTEM 系统管理账户）和密码（在安装或创建数据库时设置的），按 Enter 键，SQL*Plus 会连接到数据库，如图 2-20 所示。

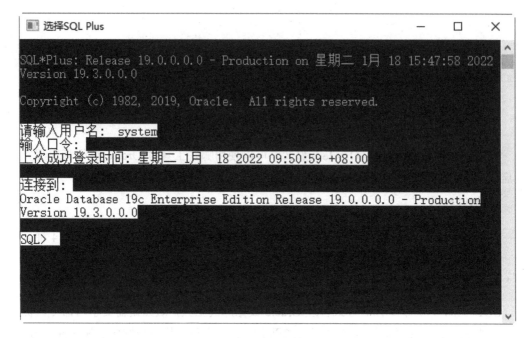

图 2-20　SQL*Plus 连接到数据库

SQL*Plus 编辑器中显示 SQL*Plus 的启动时间、版本信息，以及连接到的 Oracle 的版本号等。

 提示

输入口令默认是不进行回显操作的，即不会显示"*"，在输入正确的口令后，按 Enter 键即可。

 提示

SQL*Plus 编辑器的默认背景为黑色，文字颜色为灰色，为了美观，用户可以修改背景和文字颜色。

（1）单击 SQL*Plus 编辑器的左上角，在弹出的菜单中选择"属性"命令，如图 2-21 所示。

（2）打开"'SQL Plus'属性"对话框，切换至"颜色"选项卡，选中"屏幕背景"，设置颜色为白色，然后选中"屏幕文字"，设置颜色为黑色，其他采用默认设置，如图 2-22 所示，单击"确定"按钮，设置 SQL*Plus 编辑器为白底黑字。

项目二 Oracle 基础

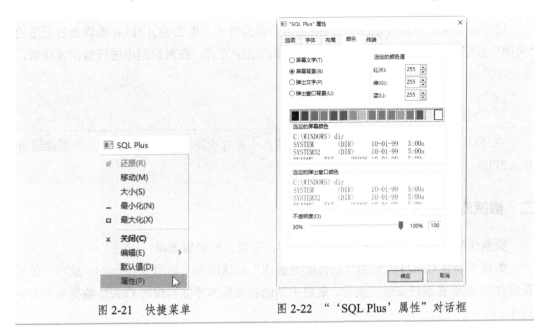

图 2-21 快捷菜单　　　　图 2-22 "'SQL Plus'属性"对话框

方法二　从命令提示符窗口中启动 SQL*Plus

（1）选择"开始"→"Windows 系统"→"命令提示符"菜单命令，打开"命令提示符"窗口。

（2）在窗口中输入命令 sqlplus，按 Enter 键，显示 SQL*Plus 的启动时间、版本信息。

（3）根据提示输入用户名（如 SYSTEM 系统管理账户）和密码（在安装或创建数据库时设置的），按 Enter 键，SQL*Plus 将连接到 Oracle，"命令提示符-sqlplus"窗口如图 2-23 所示。

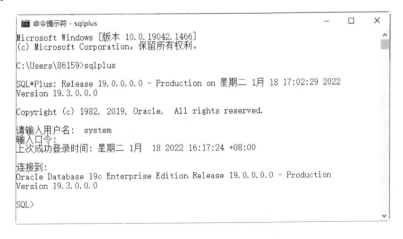

图 2-23 "命令提示符-sqlplus"窗口

2. 退出 SQL*Plus

当不再使用 SQL*Plus 时，在 SQL*Plus 编辑器的 SQL>后面直接输入 exit 或 quit 命令，按 Enter 键，即可退出 SQL*Plus。

使用命令退出 SQL*Plus 的方式是正常的退出方式，单击 SQL*Plus 编辑器右上角的"关闭"按钮退出 SQL*Plus 的方式是非正常的退出方式。在对数据库进行数据操作后，非正常的退出方式可能会造成数据的丢失。

提示

在 SQL*Plus 中不区分大小写，所以输入小写或大写的 exit 或 quit 命令都能退出 SQL*Plus。

二、数据库配置助手

数据库配置助手主要用来可视化地创建、配置、删除数据库。

如果在安装 Oracle 过程的"选择配置选项"对话框中（如图 2-9 所示），选中"仅设置软件"，那么在系统安装完成后，需要手动创建数据库才能实现对 Oracle 数据库的各种操作。

（1）选择"开始"→"所有程序"→"Oracle OraDB19Home1"→"Database Configuration Assistant"菜单命令，打开图 2-24 所示的"选择数据库操作"对话框，指定要进行的数据库操作，勾选"创建数据库"复选框。

图 2-24 "选择数据库操作"对话框

（2）单击"下一步"按钮，打开"选择数据库创建模式"对话框，在"全局数据库名"文本框中输入 oracle，在"数据库字符集"下拉列表中选择"AL32UTF8-UnicodeUTF-8 通用字符集"选项，然后在"管理口令""确认口令"和"Oracle 主目录用户口令"文本框中输入对应的信息，取消勾选"创建为容器数据库"复选框，如图 2-25 所示。

图 2-25 "选择数据库创建模式"对话框

（3）单击"下一步"按钮，打开"概要"对话框，可以看到全局设置参数、初始化参数、字符集、数据文件和控制文件等信息，如图 2-26 所示。

（4）单击"完成"按钮，打开"进度页"对话框，开始创建数据库，可以看到创建数据库的进度，如图 2-27 所示。

（5）数据库创建完成后，打开"完成"对话框，数据库创建后会锁定除 SYS 和 SYSTEM 外的所有账户，如图 2-28 所示。单击"口令管理"按钮，打开"口令管理"对话框，解锁需要的用户账户并更改默认口令，如图 2-29 所示，设置完成后，单击"确定"按钮，点击右上角的"关闭"按钮关闭对话框。

Oracle 数据库基础与应用

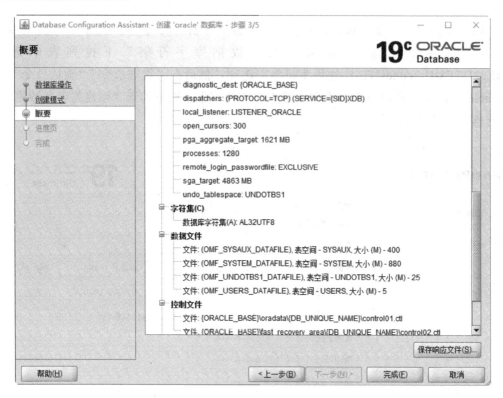

图 2-26 "概要"对话框

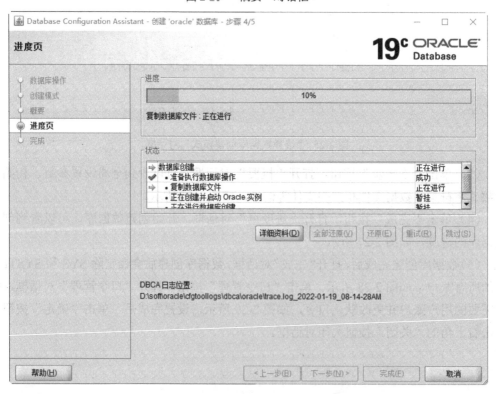

图 2-27 "进度页"对话框

项目二　Oracle 基础

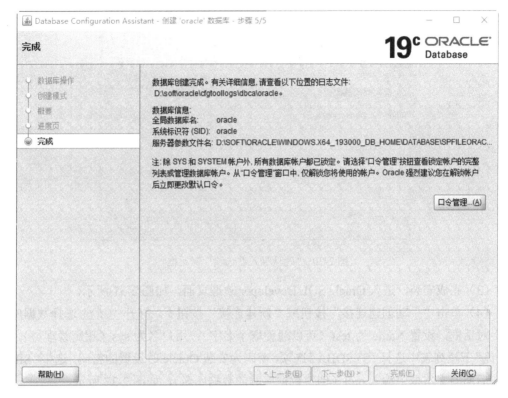

图 2-28 "完成"对话框

图 2-29 "口令管理"对话框

三、SQL Developer 工具

与其说 SQL Developer 是一个数据库管理工具，不如说它是一个面向 Oracle 数据库对象的集成开发环境。

（1）在 Oracle 官方网站上下载 SQL Developer 文件并解压缩到本地。

（2）双击 sqldeveloper.exe 文件，打开"确认导入首选项"对话框，如图 2-30 所示，单击"否"按钮。

Oracle 数据库基础与应用

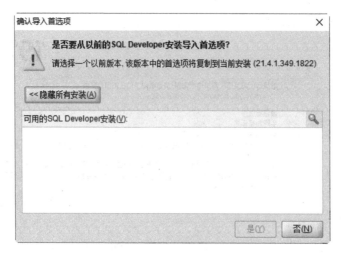

图 2-30 "确认导入首选项"对话框

（3）完成安装，进入 Oracle SQL Developer 欢迎页面，如图 2-31 所示。

（4）单击"手动创建连接"按钮或"新建连接"按钮，打开"新建/选择数据库连接"对话框，设置 Name 为 test（可以随便取个名字），用户名为 sys（超级管理员），在"角色"下拉列表中选择"SYSDBA"选项，密码为安装 Oracle 时设置的密码，选中"SID"，并在后面的文本框中输入 orcl（创建数据库时的数据库名），如图 2-32 所示。

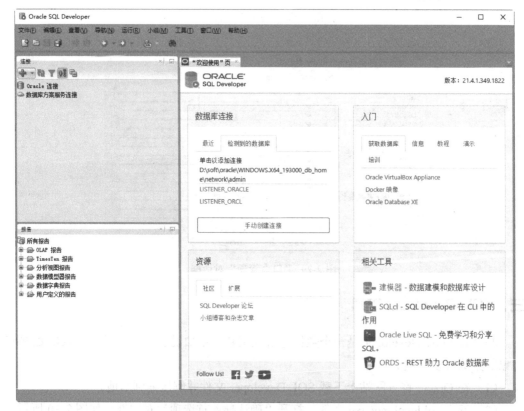

图 2-31 Oracle SQL Developer 欢迎页面

项目二 Oracle 基础

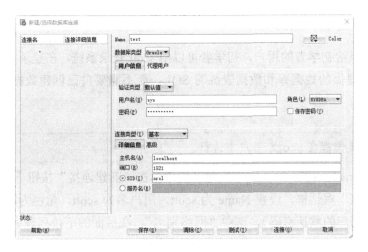

图 2-32 "新建/选择数据库连接"对话框

（5）单击"测试"按钮，如果连接成功，则显示测试成功。单击"保存"按钮保存连接，方便日后使用。单击"连接"按钮，打开"连接信息-[test]"对话框，如图 2-33 所示，输入用户名和密码，单击"确定"按钮。

图 2-33 "连接信息-[test]"对话框

（6）在"Oracle SQL Developer"对话框中的"Oracle 连接"节点下会出现一个名为 test 的数据库连接，单击 图标，出现其子目录，显示可以操作的数据库对象，如图 2-34 所示。

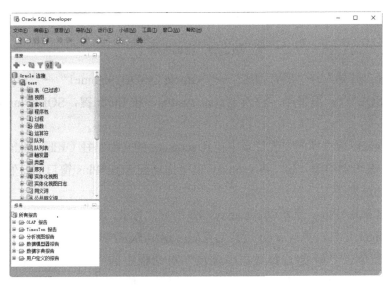

图 2-34 "Oracle SQL Developer"对话框

案例——连接 scott 用户

scott 是提供给初学者的用户,初学者可以用 scott 登录系统,在登录完成后,可以直接使用 Oracle 提供的数据库和数据表练习 SQL,而不需要自己创建数据库和数据表。

提示

本书中的操作都在 scott 用户中进行。

(1)在"Oracle SQL Developer"对话框中单击"新建连接"按钮,打开"新建/选择数据库连接"对话框,设置 Name 为 scott,用户名为 scott,角色为默认值,密码为 tiger(scott 数据库的默认密码),选中"网络别名",在后面的下拉列表中选择"ORCL"选项。单击"测试"按钮,显示测试失败,如图 2-35 所示。

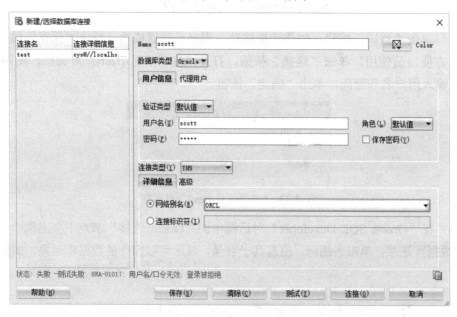

图 2-35 测试失败

(2)选择"开始"→"所有程序"→"Oracle OraDB19Home1"→"SQL Plus"菜单命令,打开 SQL*Plus 编辑器,输入 sys as sysdba,按 Enter 键,SQL*Plus 将连接到数据库。

(3)在 Oracle 数据库的安装目录中找到 scott.sql 的文件路径(\rdbms\admin)并打开,在 SQL*Plus 编辑器中输入@,将 scott.sql 直接拖动到 SQL*Plus 窗口的@处,这样 scott 用户就被添加进来了。

(4)退出 SQL*Plus,重新以 sys as sysdba 的方式登录,然后输入 SQL>alter user scott identified by tiger;语句,更改 scott 用户的密码,退出 SQL*Plus。

(5)重新单击"新建/选择数据库连接"对话框中的"测试"按钮,显示连接成功,然后单击"保存"按钮,保存连接,方便日后使用。单击"连接"按钮,打开

"连接信息-[scott]"对话框，输入用户名为 scott，密码为 tiger，如图 2-36 所示，单击"确定"按钮。

图 2-36 "连接信息-[scott]"对话框

（6）在"Oracle SQL Developer"对话框中的"Oracle 连接"节点下会出现一个名为 scott 的数据库连接，单击 图标，出现其子目录，显示可以操作的数据库对象。

项目总结

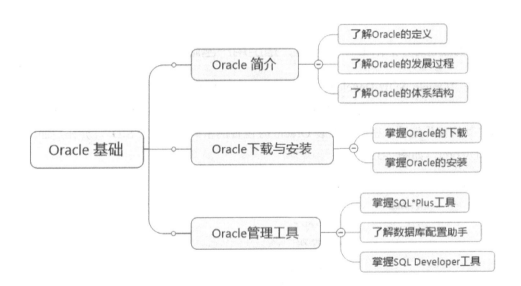

项目实战

实战一 启动并登录 SQL*Plus，然后退出

（1）选择"开始"→"Windows 系统"→"命令提示符"菜单命令，打开"命令提示符"窗口。

（2）在窗口中输入命令 sqlplus，按 Enter 键，显示 SQL*Plus 的启动时间、版本信息。

（3）根据提示设置用户名为 system 和登录密码（在安装或创建数据库时设置的），按 Enter 键，SQL*Plus 会连接到 Oracle。

（4）输入 exit，按 Enter 键，退出 SQL*Plus，"管理员：命令提示符"窗口如图 2-37 所示。

图 2-37 "管理员：命令提示符"窗口

实战二　创建名称为 oracle 的连接，指定用户名和角色

（1）在"Oracle SQL Developer"对话框中单击"新建连接"按钮，打开"新建/选择数据库连接"对话框，设置 Name 为 oracle，用户名为 system，在"角色"下拉列表中选择"默认值"选项，密码为安装 Oracle 时设置的密码，选中"SID"，并在后面的文本框中输入 orcl，如图 2-38 所示。

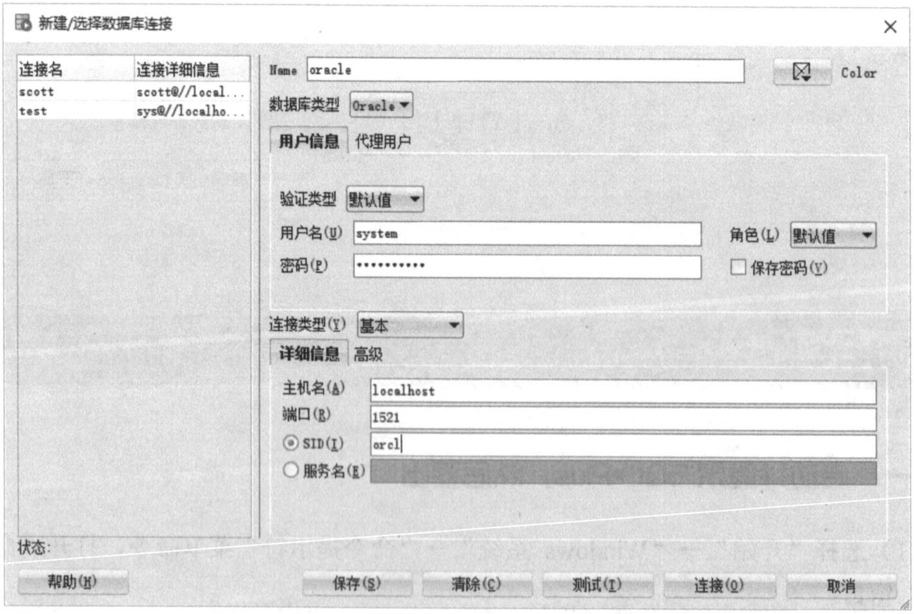

图 2-38 "新建/选择数据库连接"对话框

（2）单击"测试"按钮，如果连接成功，则显示测试成功。单击"保存"按钮，保存连接，方便日后使用。单击"连接"按钮，在"Oracle SQL Developer"对话框中的"Oracle 连接"节点下会出现一个名为 oracle 的数据库连接，单击 ⊞ 符号，出现其子目录，显示可以操作的数据库对象。

项目三

数据表操作

小知识——关于党的二十大

党的二十大:"两个结合"

——坚持把马克思主义基本原理同中国具体实际相结合、同中华优秀传统文化相结合。

素养目标

➢ 培养职业责任心,树立正确的价值观念,培养良好的学习习惯。
➢ 培养解决问题的能力,理解团队的重要性,主动与其他成员进行有效协作。

技能目标

➢ 能够创建和管理数据库。
➢ 能够创建和管理表。
➢ 能够添加和管理数据记录。

项目导读

数据库是存放数据的仓库,它的存储空间很大,可以存放百万条、千万条、上亿条数据。但是数据库不是随意地将数据进行存放的,而是有一定的规则的,否则查询的效率会很低。

数据表是 Oracle 数据库中的一种非常重要的数据对象,它是存储数据的主要方法,因此,掌握数据表的操作方法是非常重要的。

任务一　数据表基础

任务引入

通过上一个项目的学习，小李已经下载并安装好了软件。他选择用 SQL Developer 管理工具连接到 scott 用户，并且在该用户中创建数据表。那么，Oracle 中常用的数据类型有哪些？数据表的结构又有哪些呢？

知识准备

一、数据类型

在 Oracle 数据库中，每个数据表都由许多列组成。给每一列指派特定的数据类型来定义这个列中的数据。

Oracle 中常用的数据类型如下。

1. CHAR

CHAR 型数据以固定长度的格式最多可以存储 2000 个字符或字节。默认以字符形式进行存储，该数据类型是固定长度的，并且当位数小于固定长度时，需要在其右边添加空格来补满。

2. VARCHAR 和 VARCHAR2

VARCHAR 和 VARCHAR2 型数据以可变长度最多可以存储 4000 个字符或字节，因此不需要添加空格来补满。VARCHAR2 比 VARCHAR 的适用性更强，但由于兼容性的原因，在 Oracle 数据库中仍然保留着 VARCHAR。

3. NCHAR

NCHAR 型数据仅可以存储由数据库 NLS 字符集定义的 Unicode 字符集。该数据类型最多可以存储 2000 个字符或字节，并且当位数小于最大长度时需要在右边添加空格。

4. NUMBER

NUMBER 型数据用于存储零、正数、定长负数以及浮点数。NUMBER 数据类型可以以 NUMBER(P,S) 的形式来定义数字的精度和范围，其中，P 表示存储在列中数字的总长度，S 表示小数点后的位数。

5. LONG

LONG 型数据可以存储可变长度的字符串，最多可以存储 2GB 的数据。LONG 型数据有很多 VARCHAR2 型数据所具有的特征。可以使用 LONG 型数据来存储 LONG 型的文本字符串。使用 LONG 数据类型是为了满足向前兼容的需要。

6. DATE

DATE 型数据用于在数据库中存储日期和时间。存储时间的精度可以达到 1/100s。

7. TIMESTAMP

TIMESTAMP 型数据使用年、月、日、小时、分钟、秒来为日期和时间提供更详细的支持，最多可以使用 9 位数字的精度来存储秒。

8. RAW

RAW 型数据用于存储 RAW 类型的二进制数据，最多可以存储 2000 个字符或字节，建议使用 BLOB 来代替它。

9. CLOB

CLOB 型数据用于存储基于字符的大对象，最多可以存储 4GB 的数据。

10. BLOB

BLOB 型数据最多可以存储 4GB 的二进制数据，可以存放图片和声音。

二、数据表的结构

数据表简称表，表是数据存储中最常见和最简单的形式，它由一组数据记录组成。数据库中的数据是以表为单位进行组织的，一个表是一组相关的按行排列的数据，每个表中都含有相同类型的信息。表实际上是一个二维表。例如，一个班所有学生的考试成绩可以存放在一个表中，表中的一行对应一个学生，这一行包括学生的学号、姓名及各门课程成绩。数据表由表名、字段、字段类型、字段长度以及记录组成。

1. 表名

每个表都有一个名字，用于标识该表。表名要确保其唯一性，应是直观且与用途相符的。

2. 字段

字段也称域。表中的一列称为一个字段，每个字段都有相应的描述信息，如数据类型、数据宽度等。字段名的长度小于 64 个字符，可以包括字母、汉字、数字、空格和其他字符，不可以包括句号、感叹号、方括号和重音符号。

3. 记录

表中的一行称为一个记录，它由若干个字段组成。一个表中可以有若干个记录。

4. 关键字

若表中记录的某一字段或字段的组合能够标识该记录，则称该字段或字段组合为候选关键字。若一个表有多个候选关键字,则选定其中一个为主关键字,也称主键。当一个表仅有一个候选关键字时,则该候选关键字就是主关键字,可以用来标识记录行。

任务二 创建和管理表

任务引入

小李想创建一个关于学生信息的管理系统,这个系统包含了学号、学生姓名、课程号、课程名称、老师姓名等信息,他将这些信息拆分成了几个表。那么,怎么建立表呢?怎么修改和删除表呢?

知识准备

一、创建表

1. 使用图形图像方法创建表

下面以 STUDENT(学生)表为例,介绍表的创建过程。具体的操作步骤如下。

(1)打开数据库,连接 scott 节点,右击"表"节点,在弹出的快捷菜单中选择"新建表"命令,如图 3-1 所示。

图 3-1 快捷菜单

(2)打开"创建表"对话框,设置名称为 STUDENT,在第一列中设置名称为 SNO,系统默认数据类型为 VARCHAR2,单击 VARCHAR2 按钮,在下拉列表中选择"CHAR"选项,如图 3-2 所示。设置大小为 5,勾选"非空"列,结果如图 3-3 所示。

图 3-2 选取数据类型　　　　图 3-3 设置第一列

（3）单击"添加"按钮，设置名称为 SNAME，数据类型为 CHAR，大小为 10，不勾选"非空"列，如图 3-4 所示。

图 3-4　设置第二列

（4）采用相同的方法，设置表中的其他列，如图 3-5 所示。

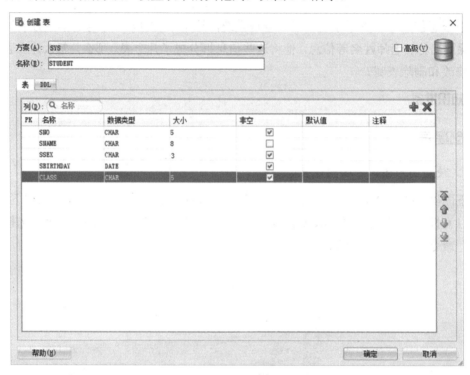

图 3-5　设置表中的其他列

（5）一般说来，每个表都应该包含一个主键。例如，STUDENT 表的主键应该为 SNO 字段。单击 SNO 字段对应的"PK"列，即可将 SNO 字段设置为主键。此时，该字段前面会出现一个钥匙图标，如图 3-6 所示。

（6）在对话框中勾选"高级"复选框，显示表类型、列的默认值、约束条件、索引以及存储等信息，单击"确定"按钮，完成 STUDENT 表的创建。

图 3-6　设置主键

2. 使用 SQL 创建表

使用 CREATE TABLE 语句来创建表，其基本语法如下。

```
CREATE TABLE 用户名.表名称 (
    字段名称1 数据类型,
```

```
    字段名称 2 数据类型,
    ...
);
```

案例——创建 TEACHER 表

在 scott 窗口中输入下列语句。

```
CREATE TABLE teacher (
    tno char(5) NOT NULL PRIMARY KEY,
    tname char(8) NOT NULL,
    tsex char(3) NOT NULL,
    tbirthday date,
    prof char(10),
    depart char(20)
);
```

按 Ctrl+Enter 组合键或单击"运行语句"按钮▶,在 scott 用户中创建一个 TEACHER 表。

如果创建的 TEACHER 表在表节点下没有显示,则右击"表"节点,在打开的快捷菜单中选择"刷新"选项即可显示。

采用上述两种方法,再创建 2 个表:COURSE(课程)表和 SCORE(成绩)表,如图 3-7 和图 3-8 所示。

这些表将在后面的讲解中作为例子使用。

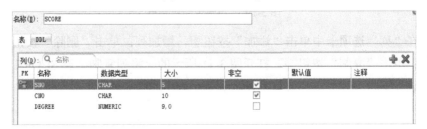

图 3-7 COURSE 表

图 3-8 SCORE 表

二、修改表

1. 使用图形图像方法修改表

在 SQL Developer 工具中使用图形图像方法修改表比较简单,具体的操作步骤如下。

(1)展开"表"节点,在需要修改的表上右击,打开图 3-9 所示的快捷菜单,选择"编辑"命令,打开图 3-10 所示的"编辑表"对话框。

图 3-9 快捷菜单

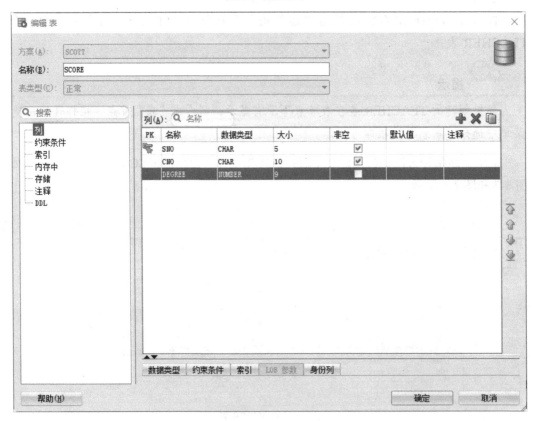

图 3-10 "编辑表"对话框

(2)在"列"选项卡中单击"添加"按钮➕,增加列;单击"删除"按钮✖,删除选中的列;单击"复制"按钮📋,打开图 3-11 所示的"将列复制到表 SCORE"对话框,可以在"表"下拉列表中选择要将列复制到哪个表中。

项目三　数据表操作

图 3-11　"将列复制到表 SCORE"对话框

（3）在图 3-12 所示的"约束条件"选项卡中，单击"添加约束条件"按钮 ，增加约束；单击"删除约束条件"按钮 ，删除约束。在"所选列"列表框中显示已经被设为主键的列，双击该列名或单击 按钮取消主键，在"可用列"列表框中双击列名或单击 按钮，将该列设置为主键，修改后单击"确定"按钮。

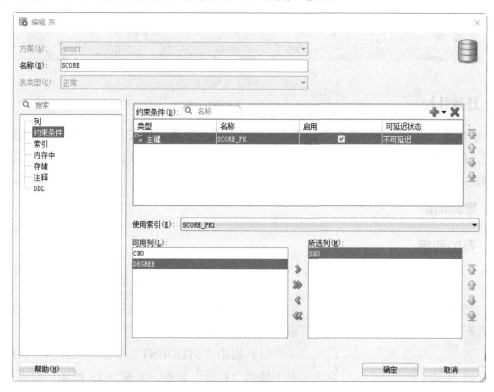

图 3-12　"约束条件"选项卡

2．使用 SQL 修改表

使用 ALTER TABLE 语句来添加一列或多列、修改列定义、删除一列或多列、重命名列或表。

（1）添加新列的基本语法如下。

```
ALTER TABLE 表名称 ADD (字段名称1 数据类型,字段名称2 数据类型,…);
```

（2）修改列属性的基本语法如下。
ALTER TABLE 表名称 MODIFY 字段名称 数据类型；

（3）删除列的基本语法如下。
ALTER TABLE 表名称 DROP COLUMN 字段名称；

（4）重命名列的基本语法如下。
ALTER TABLE 表名称 RENAME COLUMN 字段名称 TO 新字段名称；

（5）重命名表的基本语法如下。
ALTER TABLE 表名称 RENAME TO 新表名；

案例——向 STUDENT 表中添加 NATION 列

在 scott 窗口中输入下列语句。
```
ALTER TABLE student ADD(
 nation char(5));
```
按 Ctrl+Enter 组合键或单击"运行语句"按钮▶，在 STUDENT 表中添加 NATION 列。

任务三 数据记录

任务引入

小李通过上一个任务的学习创建了学生管理系统中的学生表、课程表、教师表和成绩表，但是表中还没有相关的数据记录。那么，怎么给表添加数据记录呢？怎么修改和删除表中的记录呢？

知识准备

一、添加数据

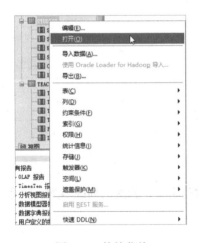

图 3-13 快捷菜单

1. 使用图形图像添加数据

下面以 STUDENT 表为例，向表中添加数据记录。具体的操作步骤如下。

（1）右击"STUDENT"节点，在弹出的快捷菜单中选择"打开"命令，如图 3-13 所示。或直接双击"STUDENT"节点。

（2）打开 STUDENT 表，切换到"数据"选项卡，如图 3-14 所示。单击"插入行"按钮，插入空白行，如图 3-15 所示。

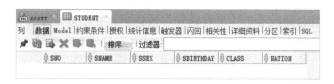

图 3-14 STUDENT 表

图 3-15 插入空白行

（3）在对应的列中双击，使表格处于编辑状态，输入需要的数据内容，或单击 按钮，打开图 3-16 所示的"编辑值"对话框，输入数据内容，单击"确定"按钮。

（4）继续向表中输入记录，如图 3-17 所示。

图 3-16 "编辑值"对话框

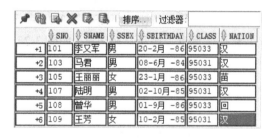

图 3-17 向表中输入记录

（5）单击"提交更改"按钮 ，向表中添加数据。

2. 使用 SQL 添加数据

使用 INSERT INTO 语句来创建表，其基本语法如下。

```
INSERT INTO 用户名.表名称 (字段名称1,字段名称2,... 字段名称n)
   VALUES ( 数据1, 数据2,... 数据N );
```

案例——向 COURSE 表中添加数据

在 scott 窗口中输入下列语句。

`INSERT INTO course(cno,cname,tno)VALUES('3-105','计算机导论','825');`

按 Ctrl+Enter 组合键或单击"运行语句"按钮 ，向 course 表中插入 1 行。

`INSERT INTO course(cno,cname,tno)VALUES('3-245','操作系统','804');`

按 Ctrl+Enter 组合键或单击"运行语句"按钮 ，在 course 表中插入 1 行。

`INSERT INTO course(cno,cname,tno)VALUES('6-166','数字电路','856');`

按 Ctrl+Enter 组合键或单击"运行语句"按钮▶，在 course 表中插入 1 行。

采用上述两种方法，向 SCORE 表和 TEACHER 表中添加数据，如图 3-18 和图 3-19 所示。

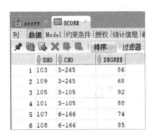

图 3-18　SCORE 表

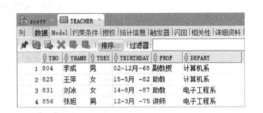

图 3-19　TEACHER 表

二、编辑数据

以编辑 STUDENT 表中的数据为例，介绍数据的编辑方法。

（1）双击打开需要修改数据的表，在"数据"选项卡中显示表中的数据，并对其进行编辑。

（2）在表格中选取数据行，所选取的数据行将以红色高亮显示，如图 3-20 所示。单击"删除所选行"按钮✖，打开图 3-21 所示的确认对话框，单击"是"按钮，删除所选取的数据，单击"刷新"按钮，如图 3-22 所示。

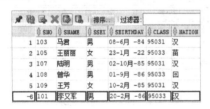

图 3-20　高亮显示

图 3-21　确认对话框

（3）单击"插入行"按钮，输入数据，单击"提交更改"按钮，向表中添加数据，如图 3-23 所示。

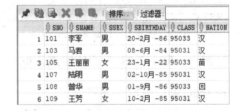

图 3-22　删除数据　　　　　　　　图 3-23　添加数据

（4）单击"排序"按钮，打开"对列进行排序"对话框，在"可用列"列表框中选择列，这里选择 SNO，单击"添加"按钮，将 SNO 添加到"所选列"列表框中，选中"降序"，如图 3-24 所示，单击"确定"按钮，STUDENT 表按 SNO 降序排列数据，如图 3-25 所示。

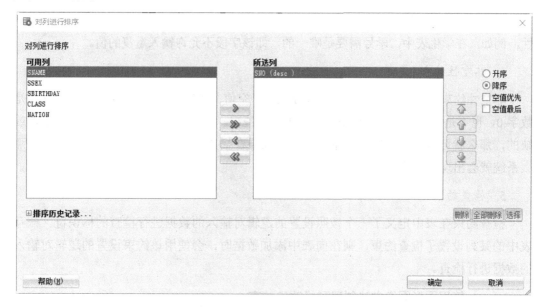

图 3-24 "对列进行排序"对话框

图 3-25 STUDENT 表按 SNO 降序排列数据

三、表约束

在 Oracle 中，约束类型包括主键约束、外键约束、唯一性约束、非空性约束和检查约束。

1. 主键约束

主键约束指定表的一列或几列的组合的值在表中具有唯一性，即能唯一地指定一行记录。每个表中只能有一列被指定为主关键字，且 IMAGE 和 TEXT 类型的列不能被指定为主关键字，也不允许指定的主关键字列有 NULL 属性。

2. 外键约束

外键约束声明表中一个字段（或一组字段）的数值必须匹配另一个表中出现的数值，我们把这个行为称为两个相关表之间的参照完整性。一个表可以保护多个外键约束，这个特点用于实现表之间的多对多关系。添加外键约束后，主表不能删除从表中已引用的数据，从表不能添加主表中不存在的数据。

二、函数依赖

1. 函数依赖的定义

定义1：设 $R(U)$ 是属性集 U 上的关系模式，X、Y 是 U 的子集。若对于 $R(U)$ 的任意一个可能的关系 R，R 中不可能存在两个元组在 X 上的属性值相等，而在 Y 上的属性值不等的情况，则称 X 函数确定 Y 或 Y 函数依赖于 X，记作 $X \rightarrow Y$。

例如，在职工关系中，职工号是唯一的，也就是说，不存在职工号相同，而姓名不同的职工元组。因此，职工号→姓名。

在前面的关系 S 中，显然有：(NO,CNO)→DEGR，即不存在一个学生选修某门课程，有一个以上的成绩 DEGR。同时有：NO→NAME，NO→SEX，CNO→CNAME，其函数依赖集如图 1-1 所示。

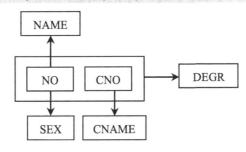

图 1-1 函数依赖集

定义2：设 $X \rightarrow Y$ 是一个函数依赖，若 $Y \subseteq X$，则称 $X \rightarrow Y$ 是一个平凡函数依赖。

例如，在前面的关系 S 中，显然有：(NO,CNO)→NO，(NO,CNO)→CNO，这些都是平凡函数依赖。

定义3：设 $X \rightarrow Y$ 是一个函数依赖，且对于任何 $X' \subset X$，$X' \rightarrow Y$ 都不成立（记作 $Y \not\rightarrow Z$），则称 $X \rightarrow Y$ 是一个完全函数依赖，即 Y 函数依赖于整个 X，记作 $X \xrightarrow{f} Y$。

在前面的关系 S 中，(NO,CNO)→DEGR，但 NO→DEGR 和 CNO→DEGR 均不成立，即学生学号 NO 或课程名 CNO 都不能唯一确定一个学生的成绩 DEGR。因此 (NO,CNO)→DEGR 是完全函数依赖，记作 (NO,CNO) $\xrightarrow{f}$ DEGR。

定义4：设 $X \rightarrow Y$ 是一个函数依赖，但不是完全函数依赖，则称 $X \rightarrow Y$ 是一个部分函数依赖，或称 Y 函数依赖于 X 的某个真子集，记作 $X \xrightarrow{P} Y$。

例如，在前面的关系 S 中，(NO,CNO)→CNAME，而对于每个学生都有唯一的 NO 值，所以有 NO→NAME。因此，(NO,CNO)→NAME 是部分函数依赖，记作 (NO,CNO) $\xrightarrow{P}$ NAME。

定义5：设 $R(U)$ 是一个关系模式，$X, Y, Z \subseteq U$，如果 $X \rightarrow Y$（$Y \not\subseteq X$，$Y \not\rightarrow X$），$Y \rightarrow Z$ 成立，则称 Z 传递函数依赖于 X，记作 $X \xrightarrow{t} Z$。

3. 唯一性约束

唯一性约束主要用于约束字段取值，在录入数据时，有些情况下需要保证数据的唯一性，例如，在学生表中，学号需要是唯一的，即该字段不允许输入重复的值。

4. 非空性约束

非空性约束用于限制必须为某个列提供值。空值（NULL）是不存在的值，它既不是数字 0，也不是空字符串，而是不存在、未知的情况。在表中，若某些字段的值是不可或缺的，那么就可以为该列定义非空性约束，如果在插入数据时没有为该列提供数据，那么系统就会出现一个错误消息。

5. 检查约束

检查约束在表中定义了一个按照设置的逻辑对输入的数据进行检查的标识符。一旦表中的某列设置了检查约束，则在向表中添加数据时，会使用该约束设置的逻辑对输入的数据进行检查。

（一）使用图形图像方法创建和修改表约束

在需要创建和修改表约束的表上右击，打开图 3-26 所示的快捷菜单，在"约束条件"的下拉菜单中选择需要的命令，对表约束进行创建和修改。

（1）启用相关外键：选择此命令，启用表中的相关外键约束条件。

（2）禁用相关外键：选择此命令，禁用表中的相关外键约束条件。

（3）全部启用：选择此命令，启用表中的全部约束条件。

（4）全部禁用：选择此命令，禁用表中的全部约束条件。

（5）启用单项：选择此命令，打开"启用单项"对话框，在"约束条件"下拉列表中选择需要启用的约束，然后单击"应用"按钮，启用选取的约束。

图 3-26　快捷菜单

（6）禁用单项：选择此命令，打开"禁用单项"对话框，在"约束条件"下拉列表中选择需要禁用的约束，然后单击"应用"按钮，禁用选取的约束。

（7）重命名单项：选择此命令，打开"重命名单项"对话框，先在"旧约束条件名称"下拉列表中选择需要重命名的约束，然后在新名称栏中输入新的约束名称，单击"应用"按钮，重命名约束。

（8）删除：选择此命令，打开"删除"对话框，在"约束条件"下拉列表中选择需要删除的约束,单击"应用"按钮,删除约束。

(9)添加检查:选择此命令,打开"添加检查"对话框,在"约束条件名称"文本框中输入约束名称,在"检查条件"文本框中输入检查条件,在"状态"下拉列表中选择状态,单击"应用"按钮,添加检查约束。

(10)添加主键:选择此命令,打开"添加主键"对话框,在"主键名"文本框中输入主键名称,在"列1""列2""列3""列4"下拉列表中选择列名,单击"应用"按钮,添加主键约束。

(11)添加外键:选择此命令,打开"添加外键"对话框,在"约束添加名称"文本框中输入外键约束名称,在"列名"下拉列表中选择该表的列名,在"引用表名"下拉列表中选择从表,在"引用列"下拉列表中选择从表的列名,单击"应用"按钮,添加外键约束。

(12)添加唯一项:选择此命令,打开"添加唯一项"对话框,在"约束添加名称"文本框中输入唯一约束名称,在"列1""列2""列3""列4"下拉列表中选择列名,单击"应用"按钮,添加唯一性约束。

案例——创建 STUDENT、TEACHER、SCORE 和 COURSE 表之间的约束

1. 创建 SCORE 表和 STUDENT 表之间的外键约束

(1)右击"STUDENT"节点,在弹出的快捷菜单中选择"约束条件"→"添加外键"命令,打开"添加外键"对话框。

(2)在"约束条件名称"文本框中输入外键名称 FK_score_student,在"列名"下拉列表中选择"SNO"选项。

(3)在"引用表名"下拉列表中选择"SCORE"选项,在"引用列"下拉列表中选择"SNO"选项,如图 3-27 所示,单击"应用"按钮,打开如图 3-28 所示的"确认"对话框,单击"确定"按钮,创建 SCORE 表和 STUDENT 表之间的外键约束。

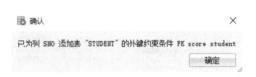

图 3-27 "添加外键"对话框　　　　图 3-28 "确认"对话框

2. 创建 SCORE 表和 COURSE 表之间的外键约束

(1)右击"SCORE"节点,弹出图 3-29 所示的快捷菜单,选择"编辑"命令,打开

"编辑表"对话框。

（2）切换到"约束条件"选项卡，单击"添加约束条件"右侧的下拉按钮，打开图 3-30 所示的下拉菜单，选择"新建外键约束条件"命令。

图 3-29　快捷菜单

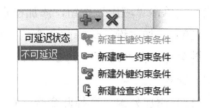
图 3-30　"添加约束条件"下拉菜单

（3）在"约束条件"文本框中输入外键名称 FK_course_score，并勾选"启用"复选框。

（4）在"引用的约束条件"列表框中的"表"下拉列表中选择"SCORE"选项，输入约束条件，在"关联"列表框中单击 按钮，设置本地列和引用列都为 CNO，其他采用默认设置，如图 3-31 所示，单击"确定"按钮，创建 SCORE 表和 COURSE 表之间的外键约束。

3. 创建 COURSE 表和 TEACHER 表之间的外键约束

采用上述方法，创建 COURSE 表和 TEACHER 表之间的外键约束，约束条件名称为 FK_teacher_course，外键约束列名为 TNO。

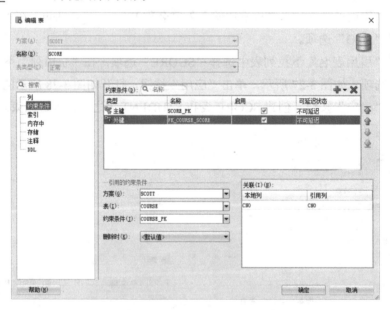
图 3-31　"编辑表"对话框

（二）使用 SQL 创建表约束

（1）主键约束：主键是表中的一列或一组列，它们的值能够唯一地标识表中的每一行。基本语法如下。

  Constraint 主键约束名 Primary Key [Clustered | Nonclustered] (列名 1,[列名 2,…,列名 n])

（2）唯一约束：唯一性约束保证了除主键外的其他一个或一组列的数据具有唯一性。基本语法如下。

  Constraint 约束名 Unique [Clustered | Nonclustered] (列名 1,[列名 2,…,列名 n])

（3）检查约束：检查约束指定表中的一列或一组列能够接收的数据值或格式。基本语法如下。

  Constraint 约束名 Check [Not For Replication] (逻辑表达式)

（4）外键约束：将当前表中的一列或一组列关联到另一个表的主键列。可创建两个表之间的连接。外键涉及两个表，一个主表，一个从表。主表中的外键是从表中的主键。基本语法如下。

  Constraint 约束名 Foreign Key (列名 1 [列名 2,…,列名 n])
  References 关联表 (关联列名 1,[关联列名 2,…,关联列名 n])

四、删除表

1. 使用图形图像方法删除表

以删除 SPECIALTY 表为例，介绍表的删除过程。

（1）右击"SPECIALTY"节点，在弹出的快捷菜单中选择"表"→"删除"命令，如图 3-32 所示。

图 3-32　快捷菜单

（2）打开"删除"对话框，勾选"级联约束条件"复选框和"清除"复选框，如图 3-33 所示，单击"应用"按钮，打开图 3-34 所示的"确认"对话框，单击"确定"按钮，删除 SPECIALTY 表。

Oracle 数据库基础与应用

图 3-33 "删除"对话框 　　　　　　　　图 3-34 "确认"对话框

2. 使用 SQL 删除表

使用 DROP TABLE 语句删除表，基本语法如下。

```
DROP TABLE 表名;
```

例如，删除 DEPT1 表，在 scott 窗口中输入下列语句。

```
DROP TABLE dept1;
```

按 F5 键或单击"运行脚本"按钮■，运行结果出现在脚本输出中，如图 3-35 所示。

图 3-35 删除表

项目总结

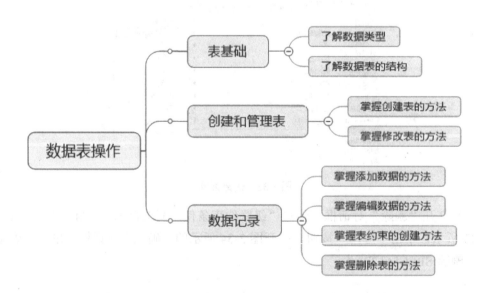

项目实战

实战一 创建表

1. 使用图形图像方法创建 DEPART 表

部门（DEPART）表，其结构为：部门号（DNO），类型为 NUMBER；部门名（DNAME），类型为 char(20)。其中，部门号为主键。

（1）右击"表"节点，在弹出的快捷菜单中选择"新建表"命令。

（2）打开"创建表"对话框，设置名称为 DEPART，在第一列中输入名称为 DNO，单击 VARCHAR2 按钮，在下拉列表中选择"NUMBER"选项，设置大小为 3，勾选"非空"列。

（3）单击"添加"按钮，设置名称为 DNAME，数据类型为 CHAR，大小为 20，勾选"非空"列。

（4）单击 DNO 字段对应的"PK"中，即可将 DNO 字段设置为主键，如图 3-36 所示，单击"确定"按钮，完成 DEPART 表的创建。

图 3-36 设置主键

2. 使用 SQL 创建 WORKER 表

职工（WORKER）表，其结构为：职工号（WNO），类型为 NUMBER；姓名（WNAME），类型为 char(20)；性别（WSEX），类型为 char(3)；出生日期（WBIRTHDAY），类型为 DATE；是否为党员（CCP），类型为 char(8)；参加工作时间（WORKDAY），类型为 DATE；部门号（DNO），类型为 NUMBER。其中职工号为主键。

在 scott 窗口中输入下列语句。

```
CREATE TABLE worker(
  wno number NOT NULL PRIMARY KEY,
  wname char(20) NOT NULL,
  wsex char(3) NOT NULL,
  wbirthday date,
  CCP char(8),
  workday date,
  dno number NOT NULL,
  FOREIGN KEY(dno) REFERENCES depart (dno)
);
```

按 F5 键或单击"运行脚本"按钮，在 scott 用户中创建一个 WORKER 表，运行结果出现在脚本输出中，如图 3-37 所示。

图 3-37　创建 WORKER 表

实战二　给表添加数据

1. 使用图形图像方法给 DEPART 表添加数据

（1）参照表 3-1，给 DEPART 表添加数据。

表 3-1　DEPART 表数据

DNO	DNAME
1	财务处
2	人事处
3	市场部

具体的操作步骤如下。

（2）右击"DEPART"节点，在弹出的快捷菜单中选择"打开"命令。

（3）打开 DEPART 表，切换到"数据"选项卡，单击"插入行"按钮，插入空白行。

（4）在对应的列中双击，使表格处于编辑状态，输入需要的数据内容，或单击 按钮，打开"编辑值"对话框，输入数据内容，单击"确定"按钮继续输入表中的记录，如图 3-38 所示。

项目三 数据表操作

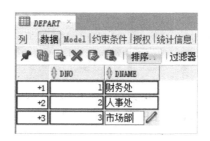

图 3-38 输入记录

（5）单击"提交更改"按钮 ，向表中添加数据。

2. 使用 SQL 向 WORKER 表中添加数据

参照表 3-2，给 WORKER 表添加数据。

表 3-2 WORKER 表数据

WNO	WNAME	WSEX	WBIRTHDAY	CCP	WORKDAY	DNO
1	孙华	男	01/03/62	是	10/10/80	1
3	陈明	男	05/08/65	否	01/01/85	2
7	程西	男	06/10/80	是	07/10/02	1
2	孙天奇	男	03/10/75	否	07/10/97	2
9	刘夫文	男	01/11/72	否	08/10/95	2
11	刘欣	女	10/08/72	否	01/07/96	1
5	余慧	女	12/04/80	否	07/10/02	3
8	张旗	男	11/10/80	否	07/10/02	2
13	王小燕	女	02/10/84	否	07/15/07	1
4	李华	男	08/07/76	否	07/20/03	3
10	陈涛	男	02/10/78	是	07/12/04	2
14	李艺	女	02/10/73	否	07/20/00	3
12	李涵	男	04/19/75	是	07/10/99	3
15	魏君	女	01/10/70	否	07/10/93	3
6	欧阳少兵	男	12/09/71	是	07/20/92	3

在 scott 窗口中输入下列语句。

```
INSERT INTO worker VALUES (1,'孙华','男','03-1月-62','是','10-10月-80',1);
INSERT INTO worker VALUES (3,'陈明','男','08-5月-65','否','01-1月-85',2);
INSERT INTO worker VALUES (7,'程西','男','10-6月-80','是','10-4月-02',1);
INSERT INTO worker VALUES (2,'孙天奇','男','10-3月-75','否','10-7月-97',2);
INSERT INTO worker VALUES (9,'刘夫文','男','11-1月-72','否','10-8月-95',2);
INSERT INTO worker VALUES (11,'刘欣','女','08-10月-72','否','07-1月-96',1);
INSERT INTO worker VALUES (5,'余慧','女','04-12月-80','否','10-7月-02',3);
INSERT INTO worker VALUES (8,'张旗','男','10-11月-80','否','15-7月-02',2);
INSERT INTO worker VALUES (13,'王小燕','女','10-2月-84','否','15-7月-07',1);
INSERT INTO worker VALUES (4,'李华','男','07-8月-76','否','20-7月-03',3);
INSERT INTO worker VALUES (10,'陈涛','男','10-2月-78','是','12-7月-04',2);
INSERT INTO worker VALUES (14,'李艺','女','10-2月-73','否','20-7月-00',3);
```

```
INSERT INTO worker VALUES (12,'李涵','男','19-4月-75','是','10-7月-99',3);
INSERT INTO worker VALUES (15,'魏君','女','10-1月-70','否','10-7月-93',3);
INSERT INTO worker VALUES (6,'欧阳少兵','男','09-12月-71','是','20-7月-92',3);
```

按 F5 键或单击"运行脚本"按钮，在 scott 用户中创建一个 WORKER 表，运行结果出现在脚本输出中。打开 WORKER 表，如图 3-39 所示。

	WNO	WNAME	WSEX	WBIRTHDAY	CCP	WORKDAY	DNO
1	1	孙华	男	03-1月-62	是	10-10月-80	1
2	3	陈明	男	08-5月-65	否	01-1月-85	2
3	7	程西	男	10-6月-80	是	10-4月-02	1
4	2	孙天奇	男	10-3月-75	否	10-7月-97	2
5	9	刘夫文	男	11-1月-72	否	10-8月-95	2
6	11	刘欣	女	08-10月-72	否	07-1月-96	1
7	5	余慧	女	04-12月-80	否	10-7月-02	3
8	8	张旗	男	10-11月-80	否	15-7月-02	2
9	13	王小燕	女	10-2月-84	否	15-7月-07	1
10	4	李华	男	07-8月-76	否	20-7月-03	3
11	10	陈涛	男	10-2月-78	是	12-7月-04	2
12	14	李艺	女	10-2月-73	否	20-7月-00	3
13	12	李涵	男	19-4月-75	是	10-7月-99	3
14	15	魏君	女	10-1月-70	否	10-7月-93	3
15	6	欧阳少兵	男	09-12月-71	是	20-7月-92	3

图 3-39　WORKER 表

项目四

数据查询

小知识——关于党的二十大

党的二十大："六个坚持"

——必须坚持人民至上，坚持自信自立，坚持守正创新，坚持问题导向，坚持系统观念，坚持胸怀天下。

素养目标

- 在掌握技能的同时，培养与时俱进、善于钻研、细心耐心、精益求精、严谨务实的优秀品质。
- 灵活掌握相关知识，对其有正确的认识。

技能目标

- 能够使用 SELECT 语句进行基本查询。
- 能够使用相关语句进行统计数据查询。
- 能够使用相关语句进行连接查询。
- 能够使用相关语句进行子查询。

项目导读

查询数据是指根据需求，使用不同的查询方式从数据库中获取数据，是使用频率最高、最重要的操作。

数据查询的方法有很多，用户可以根据实际应用选择合适的查询方法，以获得所需要的数据。

任务一　基本数据查询

任务引入

小李已经创建了数据表并录入了数据，他想查询某个表中的所有信息、表中某个范围的信息或满足某个条件的所有信息。那么，可以使用什么语句来查询所需的数据呢？

知识准备

一、SELECT 的基本语法

SELECT 的语法格式如下。

```
SELECT
{* | col_name1,col_name2,…}
[
FROM table_name 1, table_name2…
[WHERE where_condition]
[GROUP BY <group by definition>]
[HAVING where_condition]
[ORDER BY where_condition[ASC|DESC]]
];
```

说明

- {* | col_name1,col_name2,…}：*表示将检索到的所有记录都显示出来；col_name 指定需要返回的列，多个列之间用逗号隔开。
- FROM：指定要查询的数据表，也称为来源表，可以是一个或多个表。
- WHERE：可选项，用于指定查询条件，通过查询条件对表的行实现筛查。
- GROUP BY：可选项，该子句指定如何显示查询出来的数据，并按照指定的字段分组。
- HAVING：可选项，该子句指定组和聚合的搜索条件。从逻辑上讲，HAVING 子句对查询结果中的行进行筛查。HAVING 子句通常与 GROUP BY 子句一起使用。
- ORDER BY：可选项，该子句指定查询结果中的行的排列顺序。ASC|DESC 用于指定行是按升序还是按降序排列。

二、简单查询

1. 单列查询

使用单列查询可以对表或视图中的某一列的数据进行查询。在 SELECT 语句中只需要给出一列的列名就可以实现单列查询。基本语法如下。

```
SELECT col_name1 FROM table_name;
```

案例——查询 COURSE 表中的 CNAME（课程名称）

在 scott 窗口中输入下列语句。
```
SELECT cname FROM course;
```
按 Ctrl+Enter 组合键或单击"运行语句"按钮▶，运行结果如图 4-1 所示。

图 4-1　单列查询结果

2．多列查询

使用 SELECT 语句不但可以对单列进行查询，还可以对多列进行查询。查询结果中的列根据 SELECT 语句指定列名的先后顺序排列。基本语法如下。
```
SELECT col_name1,col_name2,col_name3,col_name4,…,col_namen
FROM table_name;
```

案例——查询 STUDENT 表中的 SNAME、SSEX 和 CLASS 列

在 scott 窗口中输入下列语句。
```
SELECT sname,ssex,class
FROM student;
```
按 Ctrl+Enter 组合键或单击"运行语句"按钮▶，运行结果如图 4-2 所示。

图 4-2　多列查询结果

3．所有列查询

在对数据表进行查询时，有时需要对表中的所有列进行查询。如果表中的列过多，在 SELECT 语句中指定会比较麻烦，那么可以使用"*"符号来代表所有列。基本语法如下。
```
SELECT * FROM table_name;
```

案例——查询 STUDENT 表中的所有记录

在 scott 窗口中输入下列语句。

```
SELECT * FROM student;
```

按 Ctrl+Enter 组合键或单击"运行语句"按钮▶，运行结果如图 4-3 所示。

	SNO	SNAME	SSEX	SBIRTHDAY	CLASS	NATION
1	101	李军	男	20-2月 -86	95033	汉
2	103	马君	男	08-6月 -84	95031	汉
3	105	王丽丽	女	23-1月 -22	95033	苗
4	107	陆明	男	02-10月-85	95031	汉
5	108	曾华	男	01-9月 -86	95033	回
6	109	王芳	女	10-2月 -85	95031	汉

图 4-3 所有列查询结果

三、设置别名

在创建表时，字段名多数都会使用英文单词或英文缩写来表示，若不方便查询，则可以使用别名来代替英文列名。基本语法如下。

```
原字段名 [AS] 字段别名；
```

说明。

字段的别名不能与该表的其他字段同名。

案例——为查询出的列设置别名

查询 SCORE 表中的学号、课程号、分数信息，在 scott 窗口中输入下列语句。

```
SELECT sno AS 学号,cno AS 课程号,degree AS 分数
FROM score;
```

按 Ctrl+Enter 组合键或单击"运行语句"按钮▶，运行结果如图 4-4 所示。

	学号	课程号	分数
1	103	3-245	86
2	109	3-245	68
3	105	3-105	88
4	101	3-105	88
5	107	6-166	84
6	108	6-166	85

图 4-4 设置别名后的查询结果

四、使用 DISTINCT 过滤重复数据

使用 SELECT 语句执行简单的数据查询，返回的是所有匹配的记录。使用 DISTINCT 对数据表中一个或多个字段的重复数据进行过滤，只返回其中的一条数据给用户。基本语法如下。

```
SELECT DISTINCT col_name FROM table_name
```

案例——查询教师表中所有的单位，即不重复的 DEPART 列

在 scott 窗口中输入下列语句。

```
SELECT DISTINCT depart
FROM teacher;
```

按 Ctrl+Enter 组合键或单击"运行语句"按钮▶，运行结果如图 4-5 所示。

图 4-5　教师表中所有的单位

五、WHERE 查询

WHERE 子句用于实现按一定的条件进行查询的功能。

1. 比较运算符

WHERE 子句中常见的比较运算符如表 4-1 所示。

表 4-1　WHERE 子句中常见的比较运算符

运算符	说明
=	等于
>	大于
<	小于
>=	大于或等于
<=	小于或等于
!>	不大于
!<	不小于
<>或!=	不等于

案例——查询学号（SNO）为"105"的学生记录

在 scott 窗口中输入下列语句。

```
SELECT * FROM student
WHERE sno=105;
```

按 Ctrl+Enter 组合键或单击"运行语句"按钮▶，运行结果如图 4-6 所示。

Oracle 数据库基础与应用

图 4-6 学号（SNO）为"105"的学生记录

2. 逻辑运算

WHERE 子句的查询条件可以是一个逻辑表达式，它是由多个关系表达式通过逻辑运算符（and、or、not）连接而成的，逻辑运算符如表 4-2 所示。

表 4-2 逻辑运算符

运算符	名称	含义
and	与	同时满足两个条件的值
or	或	满足其中一个条件的值
not	非	不满足该条件的值
优先级为 not>and>or		

案例——查询 STUDENT 表中"95031"班或性别为"女"的学生记录

在 scott 窗口中输入下列语句。

```
SELECT *
FROM student
WHERE class='95031' or ssex='女';
```

按 Ctrl+Enter 组合键或单击"运行语句"按钮▶，运行结果如图 4-7 所示。

图 4-7 STUDENT 表中"95031"班或性别为"女"的学生记录

3. BETWEEN AND 范围查询

BETWEEN AND 需要两个参数，即范围的起始值和终止值。

案例——查询 SCORE 表中成绩在 60~80 分的所有记录

在 scott 窗口中输入下列语句。

```
SELECT *
FROM score
WHERE degree BETWEEN 60 and 80;
```

按 Ctrl+Enter 组合键或单击"运行语句"按钮▶，运行结果如图 4-8 所示。

图 4-8 SCORE 表中成绩在 60～80 分的所有记录

4. IS NULL

IS NULL 关键字用来判断字段的值是否为空值（NULL）。空值不同于 0，也不同于空字符串。

案例——查询 EMP 表中 COMM（奖金）为空的员工信息

在 scott 窗口中输入下列语句。

```
SELECT *
FROM emp
WHERE comm IS NULL;
```

说明

IS NULL 是一个整体，不能将 IS 换成"="。如果将 IS 换成"="将不能查询出任何结果。

按 Ctrl+Enter 组合键或单击"运行语句"按钮▶，运行结果如图 4-9 所示。

图 4-9 EMP 表中 COMM（奖金）为空的员工信息

案例——查询 EMP 表中 COMM（奖金）不为空的员工信息

在 scott 窗口中输入下列语句。

```
SELECT *
FROM emp
WHERE comm IS NOT NULL;
```

说明

IS NOT NULL 表示查询字段值不为空的记录。

IS NOT NULL 中的 IS NOT 不能换成"!="或"<>"。

按 Ctrl+Enter 组合键或单击“运行语句”按钮▶，运行结果如图 4-10 所示。

查询结果

SQL | 提取的所有行：4，用时 0.003 秒

	EMPNO	ENAME	JOB	MGR	HIREDATE	SAL	COMM	DEPTNO
1	7499	ALLEN	SALESMAN	7698	20-2月 -81	1600	300	30
2	7521	WARD	SALESMAN	7698	22-2月 -81	1250	500	30
3	7654	MARTIN	SALESMAN	7698	28-9月 -81	1250	1400	30
4	7844	TURNER	SALESMAN	7698	08-9月 -81	1500	0	30

图 4-10　EMP 表中 COMM（奖金）不为空的员工信息

5. IN 列表条件查询

在系统中使用 IN 关键字直接指定一个具体值的列表，或通过子查询语句返回一个值列表。值列表中包含所有可能的值，当表达式与值列表中的任意一个值匹配成功时，返回相应记录。

案例——查询 SCORE 表中成绩为 85、86 或 88 分的记录

在 scott 窗口中输入下列语句。

```
SELECT *
FROM score
WHERE degree IN(85,86,88);
```

按 Ctrl+Enter 组合键或单击“运行语句”按钮▶，运行结果如图 4-11 所示。

查询结果

SQL | 提取的所有行：3，用时 0.004 秒

	SNO	CNO	DEGREE
1	103	3-245	86
2	101	3-105	88
3	108	6-166	85

图 4-11　SCORE 表中成绩为 85、86 或 88 分的记录

6. LIKE 模糊查询

LIKE 关键字支持百分号“%”和下画线“_”等通配符。“%”是 Oracle 中最常用的通配符，它能代表任何长度的字符串，字符串的长度可以为 0；“_”一次只能匹配一个字符。

案例——查询 STUDENT 表中姓王的学生记录

在 scott 窗口中输入下列语句。

```
SELECT * FROM student
WHERE sname LIKE '王%';
```

按 Ctrl+Enter 组合键或单击“运行语句”按钮▶，运行结果如图 4-12 所示。

图 4-12　STUDENT 表中姓王的学生记录

案例——查询 STUDENT 表中姓名是 2 个字并以"芳"结尾的学生记录

在 scott 窗口中输入下列语句。

```
SELECT * FROM student
WHERE sname LIKE '_芳';
```

按 Ctrl+Enter 组合键或单击"运行语句"按钮▶，运行结果如图 4-13 所示。

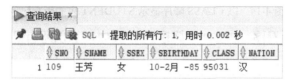

图 4-13　STUDENT 表中姓名是 2 个字并以"芳"结尾的学生记录

下面介绍使用通配符的一些注意事项。

（1）注意大小写。Oracle 默认是不区分大小写的。如果区分大小写，那么像"Tom"这样的数据就不能被"t%"匹配到。

（2）注意尾部空格。尾部空格会干扰通配符的匹配。例如，"T%"就不能匹配到"Tom"。

（3）注意 NULL。"%"通配符可以匹配到任意字符，但是不能匹配到 NULL，也就是说，"%"匹配不到数据表中值为 NULL 的记录。

六、ORDER BY 排序查询

通过在 SELECT 命令中加入 ORDER BY 子句来控制选择行的显示顺序。ORDER BY 子句可以按升序（默认或 ASC）、降序（DESC）排列各行，也可以按多个字段来排序。基本语法如下。

```
SELECT col_name1,col_name2
FROM table_name
ORDER BY col_name1,col_name2 ASC|DESC
```

说明

- ASC 表示字段按升序排列，DESC 表示字段按降序排列。其中，ASC 为默认值。
- ORDER BY 指定多个字段进行排序时，Oracle 会按照字段的顺序从左到右依次进行排列。

案例——以 CLASS 降序显示 STUDENT 表的所有记录

在 scott 窗口中输入下列语句。

```
SELECT *
FROM student
ORDER BY class DESC;
```

按 Ctrl+Enter 组合键或单击"运行语句"按钮▶,运行结果如图 4-14 所示。

	SNO	SNAME	SSEX	SBIRTHDAY	CLASS	NATION
1	108	曾华	男	01-9月 -86	95033	回
2	101	李军	男	20-2月 -86	95033	汉
3	105	王丽丽	女	23-1月 -86	95033	苗
4	107	陆明	男	02-10月-85	95031	汉
5	109	王芳	女	10-2月 -85	95031	汉
6	103	马君	男	08-6月 -84	95031	汉

图 4-14 以 CLASS 降序显示 STUDENT 表的所有记录

案例——以 CNO 升序、DEGREE 降序显示 SCORE 表的所有记录

在 scott 窗口中输入下列语句。

```
SELECT *
FROM score
ORDER BY cno,degree DESC;
```

按 Ctrl+Enter 组合键或单击"运行语句"按钮▶,运行结果如图 4-15 所示。

	SNO	CNO	DEGREE
1	105	3-105	92
2	101	3-105	88
3	103	3-245	86
4	109	3-245	68
5	108	6-166	85
6	107	6-166	74

图 4-15 以 CNO 升序、DEGREE 降序显示 SCORE 表的所有记录

注意

在对多个字段进行排序时,排序的第一个字段必须有相同的值,才会对第二个字段进行排序。如果第一个字段中的所有值都是唯一的,那么 Oracle 将不再对第二个字段进行排序。

七、多表关联查询

在数据查询中,经常需要提取两个或多个表的数据,这就需要使用表的关联来实现若干个表的联合查询。

在一个查询中,当需要关联两个或多个表时,可以指定连接列,在 WHERE 子句中给出连接条件,在 FROM 子句中指定要连接的表,语法格式如下。

```
SELECT 列名 1,列名 2,...
FROM 表 1,表 2,...
WHERE 连接条件
```

连接的多个表中通常存在公共列，为了区别这些列所在的表，需要在连接条件中指定表名前缀。例如，teacher.tno 表示 TEACHER 表的 TNO 列，student.sno 表示 STUDENT 表的 SNO 列，由此来区别连接列所在的表。

案例——查询所有学生的姓名、课程号及分数

在 scott 窗口中输入下列语句。

```
SELECT student.sname,score.cno,score.degree
FROM student,score
WHERE student.sno=score.sno;
```

按 Ctrl+Enter 组合键或单击“运行语句”按钮▶，运行结果如图 4-16 所示。

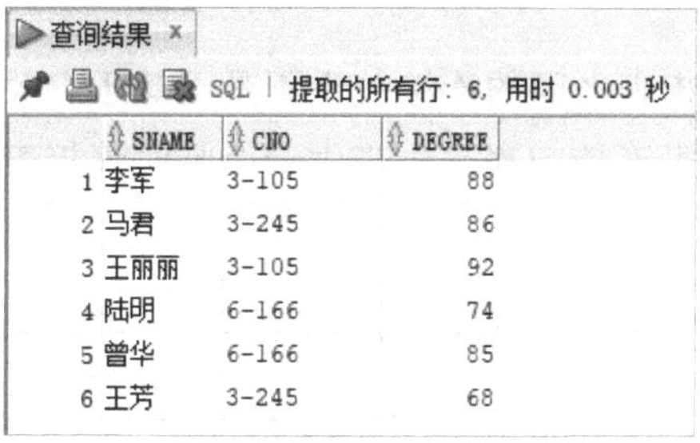

	SNAME	CNO	DEGREE
1	李军	3-105	88
2	马君	3-245	86
3	王丽丽	3-105	92
4	陆明	6-166	74
5	曾华	6-166	85
6	王芳	3-245	68

图 4-16　所有学生的姓名、课程号及分数

SQL 为了简化输入，允许在查询中使用表的别名以缩写表名。我们可以先在 FROM 子句中为表定义一个临时的别名，然后在查询中引用。

连接条件分为等值连接和非等值连接。所谓等值连接，是指表之间通过“等于”关系连接起来，先产生一个临时连接表，然后对该表进行处理后生成最终结果。

案例——查询所有学生的学号、课程名称和分数

在 scott 窗口中输入下列语句。

```
SELECT x.sno,y.cname,x.degree
FROM score x,course y
WHERE x.cno=y.cno;
```

按 Ctrl+Enter 组合键或单击“运行语句”按钮▶，运行结果如图 4-17 所示。

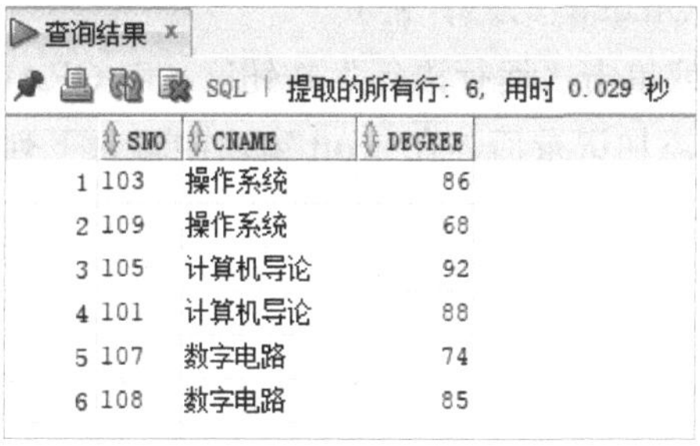

	SNO	CNAME	DEGREE
1	103	操作系统	86
2	109	操作系统	68
3	105	计算机导论	92
4	101	计算机导论	88
5	107	数字电路	74
6	108	数字电路	85

图 4-17　所有学生的学号、课程名称和分数

案例——查询"95033"班所选课程的平均分

在 scott 窗口中输入下列语句。

```
SELECT y.cno,avg(y.degree)AS "平均分"
FROM student x,score y
WHERE x.sno=y.sno and x.class='95033'
GROUP BY y.cno;
```

按 Ctrl+Enter 组合键或单击"运行语句"按钮▶，运行结果如图 4-18 所示。

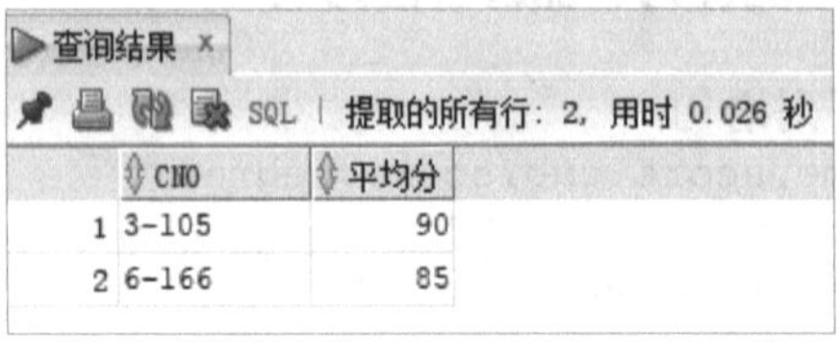

图 4-18 "95033"班所选课程的平均分

所谓非等值连接，是指表之间的连接关系不是"等于"关系，而是其他关系。通过指定的非等值关系将两个表连接起来，先产生一个临时连接表，然后对该表进行处理后生成最终结果。

案例——创建 GRADE 表，查询所有学生的 SNO、CNO 和 RANK 记录

（1）创建 GRADE 表，在 scott 窗口中输入下列语句。

```
CREATE TABLE grade(
low number(3,0),
upp number(3,0),
rank char(1));
```

按 Ctrl+Enter 组合键或单击"运行语句"按钮▶，建立 GRADE 表。

（2）向 GRADE 表中添加记录，在 scott 窗口中输入下列语句。

```
INSERT INTO grade VALUES(90,100,'A');
```

按 Ctrl+Enter 组合键或单击"运行语句"按钮▶，向 GRADE 表中插入 1 行。

```
INSERT INTO grade VALUES(80,89,'B')
```

按 Ctrl+Enter 组合键或单击"运行语句"按钮▶，向 GRADE 表中插入 1 行。

```
INSERT INTO grade VALUES(70,79,'C')
```

按 Ctrl+Enter 组合键或单击"运行语句"按钮▶，向 GRADE 表中插入 1 行。

```
INSERT INTO grade VALUES(60,69,'D')
```

按 Ctrl+Enter 组合键或单击"运行语句"按钮▶，向 GRADE 表中插入 1 行。

```
INSERT INTO grade VALUES(0,59,'E')
```

按 Ctrl+Enter 组合键或单击"运行语句"按钮▶，向 GRADE 表中插入 1 行。

（3）向 GRADE 表中添加记录后，在 scott 窗口中输入下列语句。

```
SELECT sno,cno,rank
FROM score,grade
WHERE degree between low and upp
ORDER BY rank
```

按 Ctrl+Enter 组合键或单击"运行语句"按钮▶，运行结果如图 4-19 所示。

项目四　数据查询

图 4-19　创建 GRADE 表，查询所有学生的 SNO、CNO 和 RANK 记录

在数据查询中，有时需要将同一个表进行连接，这种连接称为自连接。进行自连接的表就如同两个分开的表，可以把一个表的某行与同一个表的另一行连接起来。

任务二　聚合函数

任务引入

小李不仅想要查询某个表中的所有信息，还想要统计学生人数并查询班级中某一课程的平均分。那么，小李可以使用什么函数统计学生人数并计算课程平均分呢？

知识准备

聚合函数用于实现数据统计等功能，常用的聚合函数如表 4-3 所示。

表 4-3　常用的聚合函数

函数名	功能
AVG	计算一个数值型列的平均值
COUNT	计算在指定列中选择的项数，COUNT(*)统计查询输出的行数
MIN	计算指定列中的最小值
MAX	计算指定列中的最大值
SUM	计算指定列中的数值总和
STDEV	统计标准偏差
VAR	统计方差

案例——查询"95031"班的学生人数

在 scott 窗口中输入下列语句。
```
SELECT COUNT(*)AS "95031班人数"
FROM student
WHERE class='95031';
```
按 Ctrl+Enter 组合键或单击"运行语句"按钮▶，运行结果如图 4-20 所示。

图 4-20 "95031"班的学生人数

案例——查询课程号"3-105"的课程平均分

在 scott 窗口中输入下列语句。

```
SELECT AVG(degree)AS "课程平均分"
FROM score
WHERE cno='3-105';
```

按 Ctrl+Enter 组合键或单击"运行语句"按钮，运行结果如图 4-21 所示。

图 4-21 课程号"3-105"的课程平均分

上述的例子中使用了聚合函数，我们还可以加上 GROUP BY 子句，通常一个聚合函数的范围是满足 WHERE 子句指定条件的所有记录，在加上 GROUP BY 子句后，SQL 命令会把查询结果按指定列分成集合组。当一个聚合函数和一个 GROUP BY 子句一起使用时，聚合函数的范围会变为每组的所有记录。换句话说，一个结果是由组成一组的每个记录集合产生的。使用 HAVING 子句可以定义这些组必须满足的条件，从而对这些组实现进一步的控制。

当 WHERE 子句、GROUP BY 子句和 HAVING 子句同时出现在一个查询中时，SQL 的执行顺序如下。

（1）执行 FROM 子句，确定要查询的数据来源。

（2）执行 WHERE 子句，从表中选取行。

（3）执行 GROUP BY 子句，对选取的行进行分组。

（4）执行 HAVING 子句，选取满足条件的分组。

（5）执行 SELECT 子句，确定要查询的分组字段以及相应的统计函数。

案例——查询 EMP 表中以"7"开头的平均工资大于 2000 元的职工记录

在 scott 窗口中输入下列语句。

```
SELECT empno,AVG(sal)AS "平均工资"
FROM emp
WHERE empno LIKE '7%'
GROUP BY empno
HAVING AVG(sal)>2000;
```

按 Ctrl+Enter 组合键或单击“运行语句”按钮▶，运行结果如图 4-22 所示。

	EMPNO	平均工资
1	7782	2450
2	7698	2850
3	7566	2975
4	7902	3000
5	7839	5000

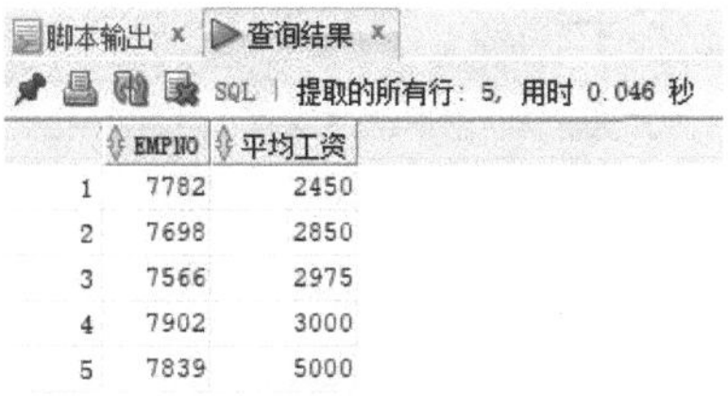

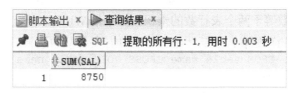

图 4-22　EMP 表中以“7”开头的平均工资大于 2000 元的职工记录

案例——计算部门号为 10 的工资总和

在 scott 窗口中输入下列语句。

```
SELECT SUM(sal)AS
FROM emp
WHERE deptno=10;
```

按 Ctrl+Enter 组合键或单击“运行语句”按钮▶，运行结果如图 4-23 所示。

	SUM(SAL)
1	8750

图 4-23　部门号为 10 的工资总和

说明

该案例中 SUM()函数的参数使用的只是简单的数据表列，SUM()函数的参数也可以使用表达式。

案例——查询最低分大于 70 分，最高分小于 90 分的学号

在 scott 窗口中输入下列语句。

```
SELECT sno
FROM score
GROUP BY sno
HAVING MIN(degree)>70 and MAX(degree)<90;
```

按 Ctrl+Enter 组合键或单击“运行语句”按钮▶，运行结果如图 4-24 所示。

	SNO
1	101
2	103
3	107
4	108

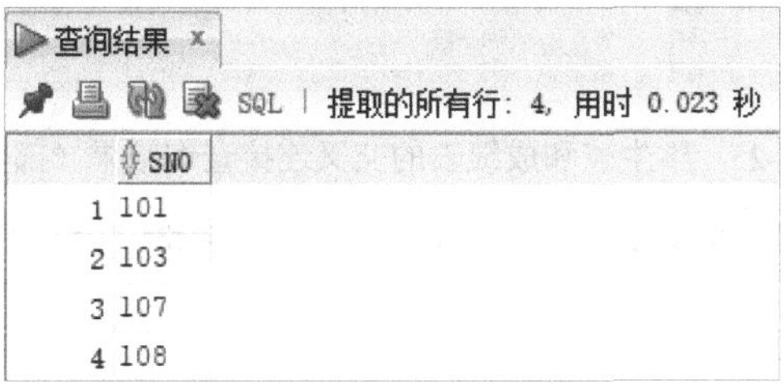

图 4-24　最低分大于 70 分，最高分小于 90 分的学号

任务三 连接查询

任务引入

小李想要查找某学生的课程成绩，或查找某课程的任课老师，但是在单个表中无法查询，需要跨表查询。那么，怎么使用交叉连接查询？怎么使用内连接查询课程的任课老师？怎么使用外连接查询？左外连接和右外连接有什么区别？

知识准备

一、交叉连接

使用交叉连接查询时，如果不带 WHERE 子句，则结果会返回被连接的两个表的笛卡尔积，返回结果的行数等于两个表行数的乘积；如果带 WHERE 子句，往往会先生成行数等于两个表行数乘积的数据表，然后才根据 WHERE 条件从中选择。基本语法如下。

```
SELECT col_name FROM table_name CROSS JOIN table_name 2
[WHERE where_condition]
```

案例——对学生表和成绩表进行交叉连接查询

在 scott 窗口中输入下列语句。

```
SELECT * FROM student CROSS JOIN score;
```

按 Ctrl+Enter 组合键或单击“运行语句”按钮▶，运行结果如图 4-25 所示（总共有 36 条记录，这里截取部分记录）。

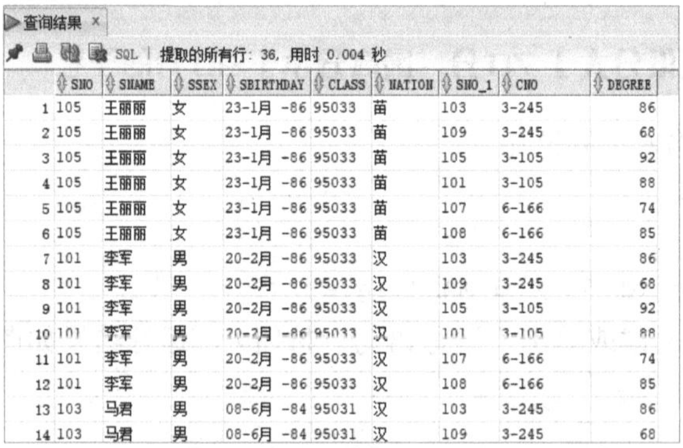

	SNO	SNAME	SSEX	SBIRTHDAY	CLASS	NATION	SNO_1	CNO	DEGREE
1	105	王丽丽	女	23-1月 -86	95033	苗	103	3-245	86
2	105	王丽丽	女	23-1月 -86	95033	苗	109	3-245	68
3	105	王丽丽	女	23-1月 -86	95033	苗	105	3-105	92
4	105	王丽丽	女	23-1月 -86	95033	苗	101	3-105	88
5	105	王丽丽	女	23-1月 -86	95033	苗	107	6-166	74
6	105	王丽丽	女	23-1月 -86	95033	苗	108	6-166	85
7	101	李军	男	20-2月 -86	95033	汉	103	3-245	86
8	101	李军	男	20-2月 -86	95033	汉	109	3-245	68
9	101	李军	男	20-2月 -86	95033	汉	105	3-105	92
10	101	李军	男	20-2月 -86	95033	汉	101	3-105	88
11	101	李军	男	20-2月 -86	95033	汉	107	6-166	74
12	101	李军	男	20-2月 -86	95033	汉	108	6-166	85
13	103	马君	男	08-6月 -84	95031	汉	103	3-245	86
14	103	马君	男	08-6月 -84	95031	汉	109	3-245	68

图 4-25 学生表和成绩表的交叉连接查询结果（部分）

案例——查询学生表和成绩表中与 SNO 字段相等的记录

在 scott 窗口中输入下列语句。

```
SELECT * FROM student CROSS JOIN score
WHERE student.sno= score.sno;
```

按 Ctrl+Enter 组合键或单击“运行语句”按钮▶，运行结果如图 4-26 所示。

项目四 数据查询

图 4-26 学生表和成绩表中与 SNO 字段相等的记录

二、内连接

内连接（INNER JOIN）主要通过设置连接条件的方式来移除查询结果中某些数据行的交叉连接。简单地说，就是利用条件表达式来消除交叉连接中的某些数据行。基本语法如下。

```
SELECT col_name FROM table_name 1 [INNER] JOIN table_name 2
ON where_condition
[WHERE where_condition]
```

案例——使用连接查询各课程的任课教师姓名

在 scott 窗口中输入下列语句。

```
SELECT course.cname,teacher.tname
FROM course JOIN teacher
ON course.tno=teacher.tno;
```

按 Ctrl+Enter 组合键或单击"运行语句"按钮 ▶，运行结果如图 4-27 所示。

图 4-27 使用连接查询各课程的任课教师姓名

三、外连接

外连接可以分为左外连接、右外连接和完整外部连接。

1. 左外连接

左外连接的结果集包括 LEFT OUTER 子句指定的左表中的所有行，而不仅仅是与连接列匹配的行。如果左表中的某行在右表中没有匹配行，则为右表返回空值。基本语法如下。

```
SELECT col_name FROM table_name 1 LEFT [OUTER] JOIN table_name 2
ON where_condition
[WHERE where_condition]
```

91

提示

在 LEFT [OUTER] JOIN 左外连接中可以省略 OUTER 关键字，只使用关键字 LEFT JOIN 即可。

案例——采用左外连接显示所有课程的任课教师

（1）删除 COURSE 表的外键连接。

右击"COURSE"节点，在弹出的快捷菜单中选择"编辑"命令，打开"编辑表"对话框，切换到"约束条件"选项卡，在"约束条件"列表框中选中"外键"，单击"删除约束条件"按钮✖，删除外键约束条件。

（2）在 COURSE 表中插入一个记录，在 scott 窗口中输入下列语句。

```
INSERT INTO course VALUES('8-166','高等数学','888');
```

按 Ctrl+Enter 组合键或单击"运行语句"按钮▶，向 COURSE 表中插入一个记录。

（3）采用左外连接显示所有课程的任课教师，在 scott 窗口中输入下列语句。

```
SELECT course.cname,teacher.tname
FROM course LEFT JOIN teacher ON (course.tno=teacher.tno);
```

按 Ctrl+Enter 组合键或单击"运行语句"按钮▶，运行结果如图 4-28 所示。

图 4-28 采用左外连接显示所有课程的任课教师

从结果中可以看出，由于使用了左外连接，所以左表（COURSE 表）中的全部数据都显示了出来，而右表（TEACHER 表）中没有的部分显示为 NULL。

2. 右外连接

右外连接是左外连接的反向连接，将返回右表中的所有行。如果右表中的某行在左表中没有匹配行，则为左表返回空值。基本语法如下。

```
SELECT col_name FROM table_name 1 RIGHT [OUTER] JOIN table_name 2
ON where_condition
[WHERE where_condition]
```

案例——采用右外连接显示所有课程的任课教师

在 scott 窗口中输入下列语句。

```
SELECT course.cname,teacher.tname
FROM course RIGHT JOIN teacher ON (course.tno=teacher.tno);
```

按 Ctrl+Enter 组合键或单击"运行语句"按钮▶，运行结果如图 4-29 所示。

项目四 数据查询

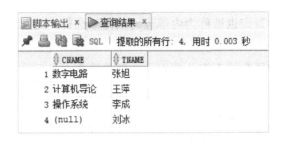

图4-29 采用右外连接显示所有课程的任课教师

3. 完整外部连接

若要在连接结果中保留不匹配的行的信息，则可以使用完整外部连接。在使用完整外部连接运算符 FULL OUTER JOIN 时，不管在另一个表中是否有匹配的值，此运算符会包括两个表中的所有行。

案例——采用完整外部连接显示所有课程的任课教师

在 scott 窗口中输入下列语句。
```
SELECT course.cname,teacher.tname
FROM course FULL JOIN teacher ON (course.tno=teacher.tno)
```
按 Ctrl+Enter 组合键或单击"运行语句"按钮▶，运行结果如图 4-30 所示。

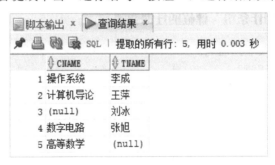

图4-30 采用完整外部连接显示所有课程的任课教师

任务四 子查询

任务引入

小李在进行数据查询时，需要将一个查询的结果作为另一个查询的条件或数据源，他针对这个问题去查找资料，发现可以通过子查询的方法来实现。那么，什么是子查询？子查询中有哪些语句？

知识准备

子查询是一个 SELECT 查询，它嵌套在 SELECT、INSERT、UPDATE、DELETE 语

Oracle 数据库基础与应用

句或其他子查询中。子查询也被称为内部查询或内部选择,而包含子查询的语句也被称为外部查询或外部选择。

子查询能够将比较复杂的查询分解为几个简单的查询,而且可以嵌套。嵌套查询的过程是:执行内部查询,查询出来的数据并不会被显示出来,而是传递给外层语句,并作为外层语句的查询条件来使用。

嵌套在外部 SELECT 语句中的子查询包括以下组件。

(1)包含标准选择列表组件的标准 SELECT 查询。

(2)包含一个或多个表或视图名的标准 FROM 子句。

(3)可选的 WHERE 子句。

(4)可选的 GROUP BY 子句。

(5)可选的 HAVING 子句。

SELECT 查询的子查询总是用圆括号括起来,且不能包含 COMPUTE 或 FOR BROWSE 子句。如果同时指定 TOP 子句,则只能包含 ORDER BY 子句。

子查询可以嵌套在外部 SELECT、INSERT、UPDATE 或 DELETE 语句的 WHERE 或 HAVING 子句或其他子查询中。根据可用内存和查询中其他表达式的复杂程度的不同,嵌套限制也会有所不同,但一般均可以嵌套到 32 层。

案例——查询"操作系统"课程的任课教师

在 scott 窗口中输入下列语句。

```
SELECT teacher.tname
FROM teacher
WHERE teacher.tno=
    (SELECT course.tno
     FROM course
     WHERE course.cname='操作系统');
```

按 Ctrl+Enter 组合键或单击"运行语句"按钮 ▶,运行结果如图 4-31 所示。

图 4-31 "操作系统"课程的任课教师

1. IN 或 NOT IN 子查询

通过 IN(或 NOT IN)引入的子查询结果是一列零值或更多值。在子查询返回结果之后,外部查询会使用这些结果。

案例——查询选修"6-166"课程的学生名单

在 scott 窗口中输入下列语句。

```
SELECT student.sno,student.sname
FROM student
WHERE student.sno IN
```

```
  (SELECT score.sno
   FROM score
   WHERE score.cno='6-166');
```
按 Ctrl+Enter 组合键或单击"运行语句"按钮▶，运行结果如图 4-32 所示。

图 4-32 选修"6-166"课程的学生名单

案例——查询没有选修"6-166"课程的学生名单

如果要查询没有选修"6-166"课程的学生名单，则可以使用 NOT IN。

在 scott 窗口中输入下列语句。
```
SELECT student.sno,student.sname
FROM student
WHERE student.sno NOT IN
  (SELECT score.sno
   FROM score
   WHERE score.cno='6-166');
```
按 Ctrl+Enter 组合键或单击"运行语句"按钮▶，运行结果如图 4-33 所示。

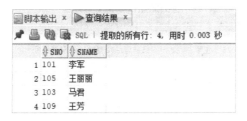

图 4-33 没有选修"6-166"课程的学生名单

2．比较运算符子查询

子查询可以由一个比较运算符（=、<>、>、>=、<、!>、!<或<=）引入。与通过 IN 引入的子查询不同，通过未修改的比较运算符（后面不跟 IN、ANY 或 ALL 等比较运算符）引入的子查询必须返回单个值而不是值列表。如果这样的子查询返回多个值，那么 SQL Server 将显示错误信息。

案例——查找高于平均分的成绩记录

在 scott 窗口中输入下列语句。
```
SELECT sno,cno,degree
FROM score
WHERE degree >
  (SELECT AVG(degree)
   FROM score);
```
按 Ctrl+Enter 组合键或单击"运行语句"按钮▶，运行结果如图 4-34 所示。

脚本输出 × 查询结果 ×

SQL | 提取的所有行：4，用时 0.003 秒

	SNO	CNO	DEGREE
1	103	3-245	86
2	105	3-105	92
3	101	3-105	88
4	108	6-166	85

图 4-34　高于平均分的成绩记录

可以使用 ALL 或 ANY 关键字修改引入子查询的比较运算符。

3. 存在性检查

存在性检查是通过 EXISTS 关键字来实现的，使用 EXISTS 引入的子查询的基本语法如下。

```
WHERE [NOT] EXISTS (子查询)
```

案例——查询“计算机导论”课程是否存在，若存在，显示教师记录

在 scott 窗口中输入下列语句。

```
SELECT * FROM teacher
WHERE EXISTS (SELECT tno FROM course
   WHERE cno ='3-105');
```

按 Ctrl+Enter 组合键或单击“运行语句”按钮▶，运行结果如图 4-35 所示。

脚本输出 × 查询结果 ×

SQL | 提取的所有行：4，用时 0.004 秒

	TNO	TNAME	TSEX	TBIRTHDAY	PROF	DEPART
1	804	李成	男	02-12月-68	副教授	计算机系
2	825	王萍	女	15-5月 -82	助教	计算机系
3	831	刘冰	女	14-8月 -87	助教	电子工程系
4	856	张旭	男	12-3月 -75	讲师	电子工程系

图 4-35　显示“计算机导论”课程的教师记录

EXISTS 关键字可以和其他查询条件一起使用，条件表达式与 EXISTS 关键字之间用 AND 或 OR 连接。

案例——查询“计算机导论”课程是否存在，若存在，显示女性任课教师记录

在 scott 窗口中输入下列语句。

```
SELECT * FROM teacher
WHERE tsex ='女' AND EXISTS (SELECT tno FROM course
     WHERE cno ='3-105');
```

按 Ctrl+Enter 组合键或单击“运行语句”按钮▶，运行结果如图 4-36 所示。

脚本输出 × 查询结果 ×

SQL | 提取的所有行：2，用时 0.003 秒

	TNO	TNAME	TSEX	TBIRTHDAY	PROF	DEPART
1	825	王萍	女	15-5月 -82	助教	计算机系
2	831	刘冰	女	14-8月 -87	助教	电子工程系

图 4-36　显示“计算机导论”课程的女性任课教师记录

4. 多层嵌套

子查询自身可以包含一个或多个子查询，一条语句中可以嵌套任意数量的子查询，这便是多层嵌套。

案例——使用多层嵌套子查询，查询最高分的学生姓名

在 scott 窗口中输入下列语句。

```
SELECT sname FROM student
WHERE sno=
  (SELECT sno
   FROM score
   WHERE degree =
     (SELECT MAX(degree)
      FROM score)
  );
```

按 Ctrl+Enter 组合键或单击"运行语句"按钮▶，运行结果如图 4-37 所示。

图 4-37　使用多层嵌套子查询，查询获最高分的学生姓名

项目总结

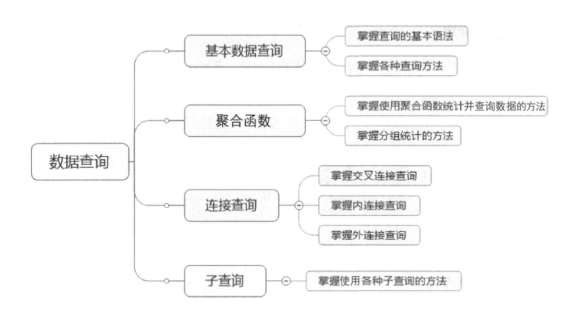

项目实战

实战一 范围查询

查询 EMP 表中工资在 1000～2000 元的职工号、姓名、职务、工资信息。在 scott 窗口中输入下列语句。

```
SELECT empno AS 职工号,ename AS 姓名,job AS 职务,sal AS 工资
FROM emp
WHERE sal BETWEEN 1000 and 2000;
```

按 Ctrl+Enter 组合键或单击"运行语句"按钮▶，运行结果如图 4-38 所示。

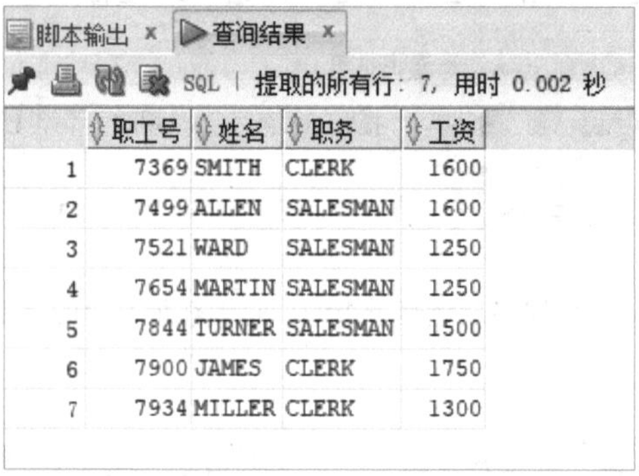

图 4-38 工资在 1000～2000 元的职工号、姓名、职务、工资信息

实战二 模糊查询

在 EMP 表中，查询以字母"J"开头的员工记录。在 scott 窗口中输入下列语句。

```
SELECT * FROM emp
WHERE ename LIKE 'J%';
```

按 Ctrl+Enter 组合键或单击"运行语句"按钮▶，运行结果如图 4-39 所示。

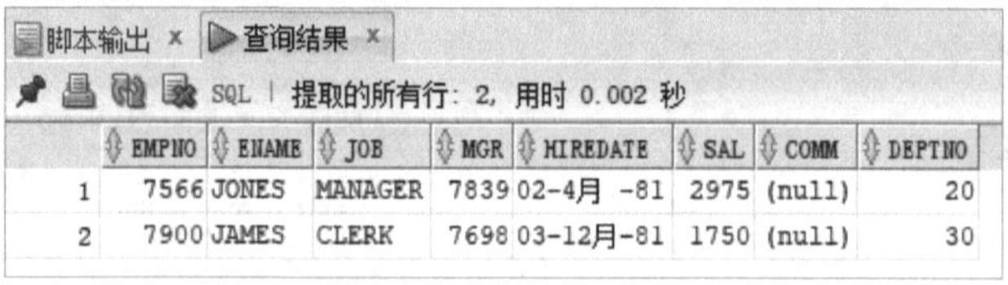

图 4-39 以字母"J"开头的员工记录

实战三 排序查询

工资按升序排序、部门号按降序排序显示 EMP 表的所有记录。在 scott 窗口中输入下列语句。

```
SELECT *
FROM emp
ORDER BY sal ASC,deptno DESC;
```

按 Ctrl+Enter 组合键或单击"运行语句"按钮▶，运行结果如图 4-40 所示。

	EMPNO	ENAME	JOB	MGR	HIREDATE	SAL	COMM	DEPTNO
1	7521	WARD	SALESMAN	7698	22-2月 -81	1250	500	30
2	7654	MARTIN	SALESMAN	7698	28-9月 -81	1250	1400	30
3	7934	MILLER	CLERK	7782	23-1月 -82	1300	(null)	10
4	7844	TURNER	SALESMAN	7698	08-9月 -81	1500	0	30
5	7499	ALLEN	SALESMAN	7698	20-2月 -81	1600	300	30
6	7369	SMITH	CLERK	7902	17-12月-80	1600	(null)	20
7	7900	JAMES	CLERK	7698	03-12月-81	1750	(null)	30
8	7782	CLARK	MANAGER	7839	09-6月 -81	2450	(null)	10
9	7698	BLAKE	MANAGER	7839	01-5月 -81	2850	(null)	30
10	7566	JONES	MANAGER	7839	02-4月 -81	2975	(null)	20
11	7902	FORD	ANALYST	7566	03-12月-81	3000	(null)	20
12	7839	KING	PRESIDENT	(null)	17-11月-81	5000	(null)	10

图 4-40　工资按升序排序、部门号按降序排序显示 EMP 表的所有记录

实战四　使用聚合函数查询

查询部门号为"30"的员工的平均工资。在 scott 窗口中输入下列语句。

```
SELECT deptno,AVG(sal)AS "平均工资"
FROM emp
WHERE deptno=30;
```

按 Ctrl+Enter 组合键或单击"运行语句"按钮▶，运行结果如图 4-41 所示。

图 4-41　部门号为"30"的员工的平均工资

实战五　连接查询

采用左外连接查询员工所在的部门的名称。

（1）在 EMP 表中插入一个记录，在 scott 窗口中输入下列语句。
```
INSERT INTO emp(empno,ename,job) VALUES(8126,'TOM','CLERK');
```

按 Ctrl+Enter 组合键或单击"运行语句"按钮▶，向 EMP 表中插入一个记录。

（2）采用左外连接显示所有课程的任课教师，在 scott 窗口中输入下列语句。
```
SELECT emp.ename,dept.dname
FROM emp LEFT JOIN dept ON (emp.deptno=dept.deptno);
```

按 Ctrl+Enter 组合键或单击"运行语句"按钮▶，运行结果如图 4-42 所示。

Oracle 数据库基础与应用

图 4-42　采用左外连接查询员工所在部门的名称

实战六　子查询

查询工资大于 10 号部门中任意员工工资的员工记录，在 scott 窗口中输入下列语句。

```
SELECT * FROM emp
WHERE sal> ANY
   (SELECT sal
    FROM emp
    WHERE deptno=10)
AND deptno<>10;
```

按 Ctrl+Enter 组合键或单击"运行语句"按钮▶，运行结果如图 4-43 所示。

	EMPNO	ENAME	JOB	MGR	HIREDATE	SAL	COMM	DEPTNO
1	7902	FORD	ANALYST	7566	03-12月-81	3000	(null)	20
2	7566	JONES	MANAGER	7839	02-4月 -81	2975	(null)	20
3	7698	BLAKE	MANAGER	7839	01-5月 -81	2850	(null)	30
4	7900	JAMES	CLERK	7698	03-12月-81	1750	(null)	30
5	7499	ALLEN	SALESMAN	7698	20-2月 -81	1600	300	30
6	7369	SMITH	CLERK	7902	17-12月-80	1600	(null)	20
7	7844	TURNER	SALESMAN	7698	08-9月 -81	1500	0	30

图 4-43　工资大于 10 号部门中任意员工工资的员工记录

项目五

索引和视图

小知识——关于党的二十大

党的二十大:"两步走"战略安排

——从二〇二〇年到二〇三五年基本实现社会主义现代化;从二〇三五年到本世纪中叶把我国建成富强民主文明和谐美丽的社会主义现代化强国。

素养目标

- 具体问题具体分析,精准制定策略。
- 积极探索、迎难而上,培养坚持不懈的学习精神。

技能目标

- 能够创建和删除索引。
- 能够创建和删除视图。
- 能够利用视图进行数据查询和更改数据。

项目导读

索引和书的目录类似。如果把表的数据看作书的内容,则索引就是书的目录。书的目录通过页码指向了书的内容,同样,索引是表的关键值,它提供了指向表中行(记录)的指针。目录中的页码是到达指定内容的直接路径,索引也是到达表数据的直接路径,可以更高效地访问数据。

视图是一个虚拟表,内容由查询定义。与真实的表一样,视图包含一系列带有名称的列和行数据。

任务一 索引

任务引入

小李在创建数据库时发现信息比较混乱，要是能像书的目录一样通过索引找到特定的值就好了。那么，数据库中的索引分成哪几类？怎么在数据库中创建、查看和删除索引？

知识准备

索引是数据库对象之一，用于加快数据的检索，类似于书的目录。在数据库中，索引可以减少数据库程序在查询时需要读取的数据量，类似于我们可以通过书的目录找到想要的内容，而不用翻阅整本书。

索引是建立在表上的可选对象，关键在于通过一组排序后的索引键来取代默认的全表扫描检索方式，从而提高检索效率。

索引在逻辑上和物理上都不会影响相关的表和数据，当创建或者删除一个索引时，不会影响基本的表。

Oracle 在创建主键时会自动为该列创建索引。

一、索引分类

索引可以分为 B 树索引、位图索引和函数索引。

1. B 树索引

B 树索引是 Oracle 中最常用的索引。它就是一颗二叉树，叶节点（双向链表）包含索引列和指向表中每个匹配行的 ROWID 值，所有叶节点都具有相同的深度，因此不管查询条件怎样，查询速度都基本相同，能够适应精确查询、模糊查询和比较查询。B 树的数据结构如图 5-1 所示。

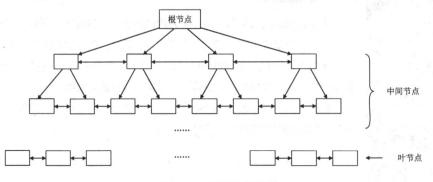

图 5-1　B 树的数据结构

B 树索引非常适合数据重复度低的字段，如身份证号码、手机号码、QQ 号等字段，常用于主键唯一性约束，多用于在线交易的项目。

当没有索引时，Oracle 只能全表扫描检索符合 where qq=214482250 的记录，这是极其费时的，当数据量很大的时候简直会让人崩溃。在有了 B 树索引之后，我们就能像使用书的目录一样，通过直接定位 ROWID 立刻找到想要的数据。索引实质上是通过减少 I/O 操作来提高检索速度的，它有一个显著的特点：查询性能与表中数据量无关。例如，查询两万行的数据用了 3 consistent gets，而查询 1200 万行的数据才用了 4 consistent gets。

2. 位图索引

位图索引主要针对含大量相同的值的列而创建。拿全国居民登记表来说，假设有四个字段：姓名、性别、年龄和籍贯，年龄和性别字段会产生许多相同的值，性别只有男、女两个值，年龄有 120（假设最大年龄为 120 岁）个值，尽管表中有十多亿条记录，但根据性别字段来区分的话，只有两种取值（男、女），位图索引就是根据字段的这个特性而创建的一种索引。

位图索引适用于列的基数很少、可枚举、重复值很多、数据不会被经常更新的应用。

位图索引具有以下特点。
- 位图索引能节省存储空间。
- 位图索引创建的速度快。
- 位图索引允许键值为空。
- 位图索引能高效访问表记录。

位图索引不适合重复率低的字段，还有频繁的 DML 操作（INSERT、UPDATE、DELETE）。位图索引的修改代价极高，修改一个位图索引段会影响整个位图段。

3. 函数索引

当经常要访问一些函数或表达式时，可以将其存储在索引中，这样在下次访问时，该值已经计算出来了，可以加快查询速度。函数索引既可以使用 B 树索引，也可以使用位图索引。当函数结果不确定时采用 B 树索引，当结果是固定的某几个值时使用位图索引。

二、创建索引

1. 使用 SQL 创建索引

（1）创建普通索引的语法如下。
```
CREATE INDEX 索引名 ON 表名(字段名1,字段名2,...,字段名n);
```

案例——为 STUDENT 表的 SSEX（性别）列创建索引

在 scott 窗口中输入下列语句。
```
CREATE INDEX index_ssex ON student(ssex);
```
按 F5 键或单击"运行脚本"按钮，运行结果出现在脚本输出中，创建的索引显示在"索引"节点中,如图 5-2 所示。

图 5-2　为 STUDENT 表的 SSEX 列创建索引

(2) 创建位图索引的语法如下。
CREATE BITMAP INDEX 索引名 ON 表名(字段名 1,字段名 2,...,字段名 n);

案例——为 STUDENT 表的 CLASS(班级号)列创建位图索引

在 scott 窗口中输入下列语句。
CREATE BITMAP INDEX index_class ON student(class);

按 F5 键或单击"运行脚本"按钮,运行结果出现在脚本输出中,创建的索引显示在"索引"节点中,如图 5-3 所示。

图 5-3　为 STUDENT 表的 CLASS 列创建位图索引

(3) 创建函数索引。

在函数索引中,可以使用 LEN、TRIM、SUBSTR、UPPER(每行返回独立结果)等函数,不能使用 SUM、MAX、MIN、AVG 等函数。

案例——为 STUDENT 表的 SNAME(姓名)列创建函数索引

在 scott 窗口中输入下列语句。
CREATE INDEX in_name ON student (upper(sname))

按 F5 键或单击"运行脚本"按钮,运行结果出现在脚本输出中,创建的索引显示在"索引"节点中,如图 5-4 所示。

图 5-4　为 STUDENT 表的 SNAME 列创建函数索引

创建索引的注意事项如下。
- 在使用通配符搜索词首时,Oracle 不能使用索引。
- 不要在索引列上使用 not,可以采用其他方式代替。

例如,有下列语句。

```
select * from student where not (score=100);
select * from student where score <> 100;
```

可以将其替换为下列语句。

```
select * from student where score>100 or score <100
```

- 在索引上使用空值比较时,该索引将被停止。

2. 使用图形图像方法创建索引

为 SCORE 表中的 CNO 列创建索引,具体的操作步骤如下。

(1)右击"索引"节点,在弹出的快捷菜单中选择"新建索引"命令,如图 5-5 所示。

(2)打开"创建索引"对话框,如图 5-6 所示,设置索引名称为 INDEX_CNO,在"表"下拉列表中选择"SCORE"选项,在"索引类型"的下拉列表中选择"不唯一"选项。

(3)在"表达式"列表框中单击"添加索引表达式"按钮, 新建表达式,在"表达式"下拉列表中选择字段名"CNO",在"排序"的下拉列表中选择"未指定"选项,其他采用默认设置,单击"确定"按钮,创建索引 INDEX_CNO。

图 5-5 快捷菜单

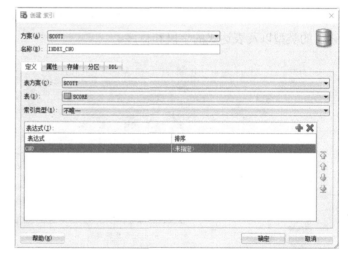

图 5-6 "创建索引"对话框

三、修改和删除索引

1. 使用 SQL 修改和删除索引

修改索引的操作比较频繁,这些操作一般由管理员(DBA)来执行。

(1)重建索引。

重建索引可以减少磁盘碎片和提高数据库系统的性能。

重建索引的语法如下。

```
alter index 索引名 rebuild;
```

（2）整理碎片。

对索引的无用空间进行合并，可以减少磁盘碎片和提高数据库系统的性能。

整理碎片的语法如下。

```
alter index 索引名 coalesce;
```

（3）修改索引名。

修改索引名的语法如下。

```
alter index 索引名 rename to 新索引名;
```

（4）禁用索引。

禁用索引的语法如下。

```
alter index 索引名 unusable;
```

（5）删除索引。

当表被删除时，表的索引会被自动删除，也可以采用 drop index 语句删除索引。

删除索引的语法如下。

```
drop index 索引名;
```

2．使用图形图像方法修改和删除索引

在需要修改和删除的索引上右击，打开图 5-7 所示的快捷菜单，对索引进行修改和删除。

（1）编辑：选择此命令，打开图 5-8 所示的"编辑索引"对话框，更改索引的名称、索引的类型以及表达式的字段和排序。

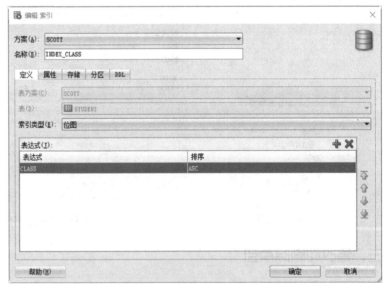

图 5-7　快捷菜单　　　　　　　　图 5-8　"编辑索引"对话框

（2）删除：选择此命令，打开"删除"对话框，询问是否删除此索引，单击"应用"按钮，打开"确认"对话框，单击"确定"按钮，删除索引。

（3）重建：选择此命令，打开"重建"对话框，确认索引重建，单击"应用"按钮，重建索引。

（4）重命名：选择此命令，打开"重命名"对话框，在"新索引名"文本框中输入新的索引名称，单击"应用"按钮，重命名索引。

（5）设为不可用：选择此命令，打开"设为不可用"对话框，单击"应用"按钮，将所选索引设为不可用。

（6）合并：选择此命令，打开"合并"对话框，单击"应用"按钮，合并索引。合并索引只是将 B 树中叶节点的存储碎片合并在一起，并不改变索引的物理结构。

任务二　视图

任务引入

小李想将数据库中的几个表创建为视图，然后通过视图查询和修改数据。那么，怎么在数据库中创建视图？怎么在视图中进行数据查询？怎么通过视图修改数据？怎么修改和删除视图？

知识准备

视图是使用 SELECT 语句从一个或多个表中导出的，用来导出视图的表称为基表。视图也可以从一个或多个其他视图中产生。导出视图的 SELECT 语句被存放在数据库中，而与视图定义相关的数据并没有在数据库中另外保存一份。因此，视图也称为虚表。视图的行为和表类似，通过视图既可以查询表的数据，也可以修改表的数据。

对所引用的基表来说，视图的作用类似于筛选。定义视图的筛选可以来自当前或其他数据库的一个或多个表，或其他视图。

一、创建视图

在 Oracle 中使用 CREATE VIEW 语句创建视图，基本语法如下。

```
CREATE [ OR REPLACE ] [ FORCE|NOFORCE ] VIEW 视图名
[ (column1,column2,...) ]
AS
SELECT 查询
[WITH READ ONLY CONSTRAINT]
```

说明

- OR REPLACE：如果视图已经存在，则替换旧视图。
- FORCE：即使基表不存在，也可以创建该视图，但是该视图不能正常使用。当基表创建成功后，视图才能正常使用。

- NOFORCE：如果基表不存在，则无法创建视图。该项是默认选项。
- WITH READ ONLY CONSTRAINT：默认可以通过视图对基表执行增、删、改操作，但是在基表上有很多的限制。

提示

要在当前方案中创建视图，用户必须具有 create view 系统权限；要在其他方案中创建视图，用户必须具有 create any view 系统权限。视图的功能取决于视图拥有者的权限。

1. 创建简单视图

在默认情况下，创建的视图和基表的字段是一样的，也可以通过指定视图字段的名称来创建视图。

案例——基于 TEACHER 表创建名为 V_TEACHER 的视图

在 scott 窗口中输入下列语句。

```
CREATE VIEW v_teacher
AS
SELECT*FROM teacher;
```

按 F5 键或单击"运行脚本"按钮，运行结果出现在脚本输出中。创建的视图显示在"视图"节点中，如图 5-9 所示。

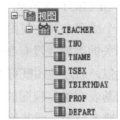

图 5-9　基于 TEACHER 表创建名为 V_TEACHER 的视图

提示

如果创建视图时，出现了图 5-10 所示的错误报告，提示权限不足，则表示 scott 用户的权限不够。

图 5-10　错误报告

用 sys 用户登录，输入下列语句。

```
grant create view to scott;
```

按 F5 键或单击"运行脚本"按钮，运行结果出现在脚本输出中，如图 5-11 所示，表示授权成功。

图 5-11 运行结果

重新登录 scott 用户，创建视图即可。

2．创建只读视图

使用 WITH READ ONLY 选项定义只读视图，在完成定义后，用户只能在该视图上执行 SELECT 语句，而不能执行 INSERT、UPDATE 和 DELETE 语句。

案例——创建只读视图 V_SCORE

创建一个视图，要求该视图可以获得分数不是 85 分的所有学生记录。在 scott 窗口中输入下列语句。

```
CREATE OR REPLACE VIEW v_score
AS
SELECT*FROM score
WHERE degree !=85
WITH READ ONLY;
```

按 F5 键或单击"运行脚本"按钮，运行结果出现在脚本输出中，创建的视图显示在"视图"节点中，如图 5-12 所示。

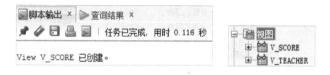

图 5-12 创建只读视图 V_SCORE

3．创建基于多表的视图

案例——创建 V_DEGREE 视图，其中包括了学生姓名、课程和成绩

在 scott 窗口中输入下列语句。

```
CREATE VIEW v_degree
AS
SELECT student.sname AS 姓名,course.cname AS 课程,score.degree AS 成绩
FROM student,course,score
WHERE student.sno=score.sno AND course.cno=score.cno;
```

按 F5 键或单击"运行脚本"按钮，运行结果出现在脚本输出中，创建的视图显示在"视图"节点中，如图 5-13 所示。

图 5-13 创建 V_DEGREE 视图

二、管理视图

通过视图既可以检索基表中的数据，也可以修改基表中的数据，如插入、删除和修改记录。

（一）使用 SQL 管理视图

1. 使用视图进行数据检索

视图是由基表生成的，因此可以将需要的数据集中在一起，而隐藏不需要的数据。在使用视图来检索数据时，可以像操作表一样来操作视图。

案例——使用创建的 V_DEGREE 视图来查询所有学生的成绩

在 scott 窗口中输入下列语句。

```
SELECT * FROM v_degree
```

按 Ctrl+Enter 组合键或单击"运行语句"按钮 ▶，运行结果如图 5-14 所示。

图 5-14 使用创建的 V_DEGREE 视图来查询所有学生的成绩

2. 添加数据

向视图中添加数据的基本语法如下。

```
INSERT INTO view_name ( col_name1, col_name2,... col_nameN )
VALUES ( value1, value2,...valueN );
```

 说明

使用的字段名必须是视图中的字段名，而不是原表中的字段名。

案例——在 V_TEACHER 视图中添加数据

（1）添加数据。在 scott 窗口中输入下列语句。

```
INSERT INTO v_teacher
VALUES ('808','成功','男',NULL,'教授','电子工程系');
```

按 F5 键或单击"运行脚本"按钮，运行结果显示在脚本输出中，如图 5-15 所示。

图 5-15　在 V_TEACHER 视图中添加数据

（2）查询视图。在 scott 窗口中输入下列语句。

```
SELECT*FROM v_teacher;
```

按 Ctrl+Enter 组合键或单击"运行语句"按钮，运行结果如图 5-16 所示。

	TNO	TNAME	TSEX	TBIRTHDAY	PROF	DEPART
1	804	李成	男	02-12月-68	副教授	计算机系
2	825	王萍	女	15-5月 -82	助教	计算机系
3	831	刘冰	女	14-8月 -87	助教	电子工程系
4	856	张旭	男	12-3月 -75	讲师	电子工程系
5	808	成功	男	(null)	教授	电子工程系

图 5-16　查询视图

3. 修改数据

在视图中修改数据的基本语法如下。

```
UPDATE view_name
SET col_name1=value1[,col_name2=value2…]
[WHERE where_condition]
```

案例——在 V_TEACHER 视图中修改数据

（1）修改数据。在 scott 窗口中输入下列语句。

```
UPDATE v_teacher
SET tname ='郑成' WHERE tno='808';
```

按 F5 键或单击"运行脚本"按钮，运行结果显示在脚本输出中，如图 5-17 所示。

图 5-17　在 V_TEACHER 视图中修改数据

（2）查询视图。在 scott 窗口中输入下列语句。

```
SELECT*FROM v_teacher;
```

按 Ctrl+Enter 组合键或单击"运行语句"按钮，运行结果如图 5-18 所示。

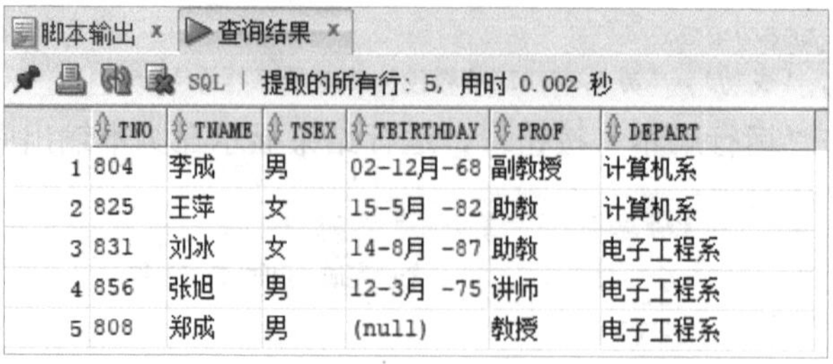

Oracle 数据库基础与应用

图 5-18 查询视图

4. 删除数据

删除视图中数据的基本语法如下。

```
DELETE FROM view_name
WHERE where_condition
```

案例——在 V_TEACHER 视图中删除数据

（1）删除数据。在 scott 窗口中输入下列语句。

```
DELETE FROM v_teacher
WHERE tno='808';
```

按 F5 键或单击"运行脚本"按钮，运行结果显示在脚本输出中，如图 5-19 所示。

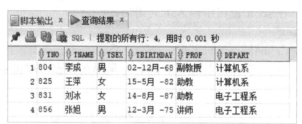

图 5-19 在 V_TEACHER 视图中删除数据

（2）查询视图。在 scott 窗口中输入下列语句。

```
SELECT*FROM v_teacher;
```

按 Ctrl+Enter 组合键或单击"运行语句"按钮，运行结果如图 5-20 所示。

图 5-20 查询视图

5. 删除视图

删除视图是指删除数据库中已存在的视图。在删除视图时，只会删除视图的定义，不会删除数据。使用 DROP VIEW 语句删除视图。

删除视图的基本语法如下。

```
DROP VIEW [IF EXISTS] view_name
```

案例——删除 V_TEACHER 视图

在 scott 窗口中输入以下语句。

```
DROP VIEW v_teacher;
```

按 F5 键或单击"运行脚本"按钮，运行结果显示在脚本输出中，如图 5-21 所示。

图 5-21 删除 V_TEACHER 视图

（二）使用图形图像方法管理视图

以管理 V_DEGREE 视图为例，介绍管理视图的方法。

（1）双击打开需要管理的 V_DEGREE 视图，如图 5-22 所示。

图 5-22 V_DEGREE 视图

（2）在表格中选取数据行，单击"删除所选行"按钮，选取的数据行将以红色高亮显示。单击"刷新"按钮，系统弹出确认对话框，单击"是"按钮，删除所选数据，如图 5-23 所示。

图 5-23 确认对话框

（3）单击"插入行"按钮，输入数据，单击"提交更改"按钮，向视图中添加数据。

（4）单击"排序"按钮，打开"对列进行排序"对话框，在"可用列"列表框中选择列，单击"添加"按钮，将列添加到"所选列"列表框中，选中"降序"，单击"确定"按钮，视图按所选列降序排列数据。

（5）右击"V_DEGREE"节点，弹出图 5-23 所示的快捷菜单，选择"重命名"命令，打开"重命名"对话框，在"新视图名"文本框中输入新的视图名称。

Oracle 数据库基础与应用

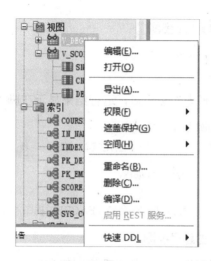

图 5-23　快捷菜单

（6）再次右击"V_DEGREE"节点，在弹出的快捷菜单中选择"删除"命令，打开"删除"对话框，询问是否删除此视图，单击"应用"按钮，打开"确认"对话框，单击"确定"按钮，确定视图已删除。

项目总结

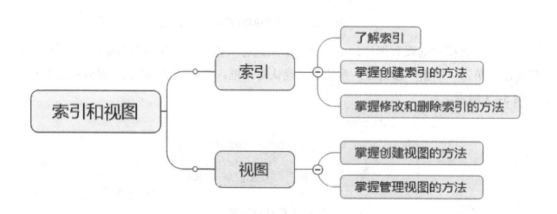

项目实战

实战一　创建位图索引

（1）右击"EMP"节点，在弹出的快捷菜单中选择"索引"→"新建索引"命令，如图 5-24 所示。

图 5-24 快捷菜单

（2）打开"创建索引"对话框，如图 5-25 所示，设置索引名称为 IND_DEPTNO，在"索引类型"下拉列表中选择"位图"选项。

（3）在"表达式"列表框中单击"添加索引表达式"按钮，新建表达式，在"表达式"下拉列表中选择"DEPTNO"选项，在"排序"下拉列表中选择"ASC"选项，其他采用默认设置，单击"确定"按钮，创建索引 IND_DEPTNO。

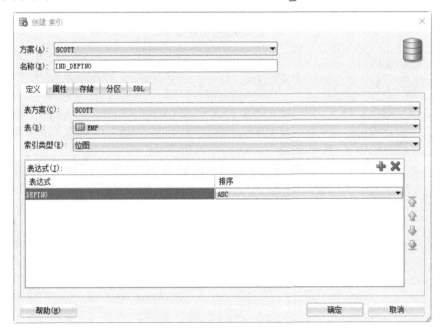

图 5-25 "创建索引"对话框

实战二 创建视图并查询数据

（1）创建部门号为 30 的视图。在 scott 窗口中输入下列语句。

```
CREATE VIEW v_emp
AS
SELECT * FROM emp
WHERE deptno=20;
```

按 F5 键或单击"运行脚本"按钮，运行结果显示在脚本输出中，如图 5-26 所示。

图 5-26　创建视图

（2）查询视图。在 scott 窗口中输入下列语句。
```
SELECT * FROM v_emp;
```
按 Ctrl+Enter 组合键或单击"运行语句"按钮，运行结果如图 5-27 所示。

图 5-27　查询视图

项目六

序列、同义词和事务

小知识——关于党的二十大

党的二十大：五个重大原则

——坚持和加强党的全面领导，坚持中国特色社会主义道路，坚持以人民为中心的发展思想，坚持深化改革开放，坚持发扬斗争精神。

素养目标

- 注重培养分析能力及遇到问题时能够及时调整、合理改进的能力。
- 培养精益求精的精神以及诚信、公正、客观的观念。

技能目标

- 能够创建序列、使用序列和修改序列。
- 能够创建和删除同义词。
- 能够进行事务处理。

项目导读

序列是 Oracle 提供的用于生成一系列数字的数据库对象，可以在多用并发的环境中使用，并且可以为所有用户生成不重复的、按序排列的数字，而不需要任何额外的 I/O 开销。

Oracle 数据库中的大部分数据库对象，如表、视图、同义词、序列、存储过程、包等，都可以由数据库管理员根据实际情况来定义同义词。

任务一 序列

任务引入

小李想创建表的主键值以便在插入语句的时候使用,在查询资料后,他发现在 Oracle 中可以通过序列来实现这一功能。那么,怎么创建、使用和管理序列呢?

知识准备

序列(Sequence)是序列号生成器,可以为表中的行自动生成序列号,产生一组等间隔的数值(类型为数值型),不占用磁盘空间,但占用内存。序列的主要用途是生成表的主键值,可以在插入语句中引用,也可以通过查询检查当前的值,或使序列增至下一个值。

一、创建序列

1. 使用图形图像方法创建序列

以创建序列 SEQ_1 为例,介绍创建序列的方法,具体的操作步骤如下。

(1)右击"序列"节点,在弹出的快捷菜单中选择"新建序列"命令,如图 6-1 所示。

(2)打开"创建序列"对话框,设置序列名称为 SEQ_1,在"属性"选项卡中设置起始于为 1,增量为 1,最小值为 1,最大值为 99999999,在"高速缓存"下拉列表中选择"高速缓存"选项,设置高速缓存大小为 20,其他采用默认设置,如图 6-2 所示。单击"确定"按钮,创建序列 SEQ_1。

图 6-1 快捷菜单

图 6-2 "创建序列"对话框

项目六 序列、同义词和事务

说明

在调用 SEQ_1 序列时，会产生从 1 到 99999999 的连续递增数值，从 1 开始，增量为 1，不循环产生。产生最大值后将无法继续使用，默认使用缓存生成，每次缓存的数量为 20 个。

2. 使用 SQL 创建序列

在 Oracle 中使用 CREATE SEQUENCE 语句创建序列，基本语法如下。

```
CREATE SEQUENCE 序列名
[INCREMENT BY n]
[START WITH n]
[{MAXVALUE/ MINVALUE n| NOMAXVALUE}]
[{CYCLE|NOCYCLE}]
[{CACHE n| NOCACHE}];
```

说明

- INCREMENT BY：用于定义序列的步长。如果省略，则默认为 1。如果出现负值，则代表 Oracle 序列的值是按照此步长递减的。
- START WITH：定义序列的初始值（产生的第一个值），默认为 1。
- MAXVALUE：定义序列号生成器能产生的最大值。默认选项是 NOMAXVALUE，代表没有最大值定义，这时对于递增序列，能产生的最大值是 10 的 27 次方；对于递减序列，能产生的最大值是-1。
- MINVALUE：定义序列号生成器能产生的最小值。默认选项是 NOMAXVALUE，代表没有最小值定义，这时对于递减序列，能产生的最小值是 10 的 26 次方；对于递增序列，能产生的最小值是 1。
- CYCLE 和 NOCYCLE：表示当序列号生成器的值达到限制值后是否循环。CYCLE 代表循环，NOCYCLE 代表不循环。如果循环，则当递增序列达到最大值时，循环到最小值；当递减序列达到最小值时，循环到最大值。如果不循环，则在序列达到限制值后，继续产生新值就会发生错误。
- CACHE 和 NOCACHE：CACHE（缓冲）定义存放序列的内存块的大小，默认为 20。NOCACHE 表示不对序列进行内存缓冲。对序列进行内存缓冲可以改善序列的性能。

案例——创建开始值为 1、步长为 1、名为 SEQ_TEXT 的序列

在 scott 窗口中输入下列语句。

```
CREATE SEQUENCE seq_text
START WITH 1
INCREMENT BY 1;
```

按 F5 键或单击"运行脚本"按钮，运行结果出现在脚本输出中，创建的序列显示在"序列"节点中，如图 6-3 所示。

Oracle 数据库基础与应用

图 6-3 创建开始值为 1、步长为 1、名为 SEQ_TEXT 的序列

二、使用序列

在创建序列后，可以使用序列的 NEXTVAL 来获取序列的下一个值，使用 CURRVAL 来查看当前值。当第一次访问一个序列时，必须先使用 NEXTVAL 来产生一个值，然后才可以使用 CURRVAL 进行查看。

案例——创建 TEXT 表并使用 SEQ_TEXT 序列

（1）创建 TEXT 表。在 scott 窗口中输入下列语句。

```
CREATE TABLE text(id number,se number,te number);
```

按 F5 键或单击"运行脚本"按钮，运行结果显示在脚本输出中，如图 6-4 所示。

图 6-4 创建 TEXT 表

（2）使用序列为表添加新记录。在 scott 窗口中输入下列语句。

```
INSERT INTO text
VALUES(seq_text.NEXTVAL,1,1);
```

按 F5 键或单击"运行脚本"按钮，运行结果显示在脚本输出中，如图 6-5 所示。

图 6-5 使用序列为表添加新记录

（3）查询当前的序列号。在 scott 窗口中输入下列语句。

```
SELECT seq_text.CURRVAL FROM dual;
```

按 Ctrl+Enter 组合键或单击"运行语句"按钮，运行结果如图 6-6 所示。

图 6-6 查询当前的序列号

三、管理序列

1. 使用 SQL 管理序列

（1）修改序列。

使用 ALTER SEQUENCE 语句对序列进行修改。但是，序列的起始值 START WITH 不能被修改，如果要修改序列的起始值，则必须先删除该序列。

案例——修改 SEQ_1 序列

修改 SEQ_1 序列的最大值为 10000，序列增量为 10，缓存值为 100，在 scott 窗口中输入下列语句。

```
ALTER SEQUENCE seq_1
MAXVALUE 10000
INCREMENT BY 10
CACHE 100;
```

按 F5 键或单击"运行脚本"按钮，运行结果显示在脚本输出中，如图 6-7 所示。

图 6-7 修改 SEQ_1 序列

（2）删除序列。

使用 DROP SEQUENCE 语句删除序列。

基本语法如下。

```
DROP SEQUENCE 序列名;
```

案例——删除 SEQ_1 序列

删除 SEQ_1 序列，在 scott 窗口中输入下列语句。

```
DROP SEQUENCE seq_1;
```

按 F5 键或单击"运行脚本"按钮，运行结果显示在脚本输出中，如图 6-8 所示。

图 6-8 删除 SEQ_1 序列

2. 使用图形图像方法管理序列

在需要修改和删除的序列上右击，打开图 6-9 所示的快捷菜单，对序列进行修改和删除。

（1）编辑：选择此命令，打开图 6-10 所示的"编辑序列"对话框，更改序列的名称、起始于的值、增量值、最小值、最大值以及是否循环和排序。

图 6-9　快捷菜单

图 6-10　"编辑序列"对话框

（2）打开：选择此命令，打开序列，查看序列内容，如图 6-11 所示。单击"编辑"按钮，打开"编辑序列"对话框，编辑序列。

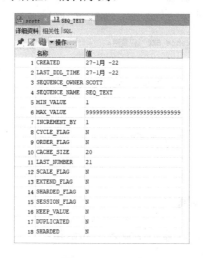

图 6-11　打开序列

（3）删除：选择此命令，打开"删除"对话框，询问是否删除此序列，单击"应用"按钮，打开"确认"对话框，单击"确定"按钮，删除序列。

任务二　同义词

任务引入

小李在创建数据时，发现某个数据库对象的名字太长了，他想对其进行修改，但是担心这样会导致数据库混乱，这时他想到了可以创建一个短一点的同义词。那么，怎么创建同义词？怎么删除同义词呢？

知识准备

一、同义词概述

同义词是数据库对象的一个别名，经常用于简化和提高对象访问的安全性。与视图类似，同义词并不占用实际的存储空间，只在数据字典中保存了自身的定义。Oracle 数据库中的大部分对象，如表、视图、同义词、序列、存储过程、包等，都可以由数据库管理员根据实际情况来定义同义词。

1. 同义词的分类

Oracle 同义词有两种类型，分别是公用同义词和私有同义词。普通用户创建的同义词一般都是私有同义词，公有同义词一般由 DBA 创建。普通用户如果想创建同义词，则需要有 CREATE PUBLIC SYNONYM 系统权限。

（1）公用同义词：由一个特殊的用户组 Public 所有。顾名思义，数据库中所有的用户都可以使用公用同义词。它往往用来表示一些比较普通的数据库对象，这些对象往往是大家都需要引用的。

（2）私有同义词：与公用同义词对应，由创建它的用户所有。该同义词的创建者可以通过授权控制其他用户是否有权使用属于自己的私有同义词。

2. 同义词的作用

（1）在多用户协同开发中，同义词可以屏蔽对象的名字及其持有者。当操作其他用户的表时，如果不采用同义词，则必须通过"user 名.object"的形式来获取权限；如果采用同义词，则可以屏蔽 user 名。

（2）简化 SQL 开发。如果某个数据库对象的名字太长，则可以创建一个短一点的同义词来简化 SQL 开发。

（3）为分布式数据库的远程对象提供位置透明性。

（4）同义词在数据库链接中的作用。数据库链接是一个命名的对象，用于说明一个数据库到另一个数据库的路径。通过数据库链接可以实现不同数据库之间的通信。

二、创建同义词

1. 使用 SQL 创建同义词

在 Oracle 中使用 CREATE SYNONYM 语句创建同义词，基本语法如下。

```
CREATE [OR REPLACE] [PUBLIC] SYNONYM synonym_name FOR [schema.]object;
```

案例——创建私有同义词 SYN_TEACHER

（1）创建私有同义词。在 scott 窗口中输入下列语句。

```
CREATE SYNONYM syn_teacher
FOR scott.teacher;
```

按 F5 键或单击"运行脚本"按钮，运行结果显示在脚本输出中，如图 6-12 所示。提示权限不足，表示 scott 用户权限不足。

（2）用 sys 用户登录，然后输入下列语句。

```
GRANT CREATE ANY SYNONYM TO scott;
```

按 F5 键或单击"运行脚本"按钮，运行结果显示在脚本输出中，如图 6-13 所示，表示授权成功。

图 6-12　错误报告

图 6-13　授权成功

（3）再重新登录 scott 用户，创建私有同义词。在 scott 窗口中输入下列语句。

```
CREATE SYNONYM syn_teacher
FOR scott.teacher;
```

按 F5 键或单击"运行脚本"按钮，运行结果显示在脚本输出中，创建的同义词显示在"同义词"节点中，如图 6-14 所示。

图 6-14　创建同义词

2. 使用图形图像方法创建同义词

以创建同义词 SYN_STUDENT 为例，介绍创建同义词的方法，具体的操作步骤如下。

（1）右击"同义词"节点，在弹出的快捷菜单中选择"新建同义词"命令，如图 6-15 所示。

图 6-15　快捷菜单

（2）打开"新建同义词"对话框，设置同义词名称为 SYN_STUDENT，在"对象所有者"下拉列表中选择"SCOTT"选项，在"对象名"下拉列表中选择"STUDENT"选项，如图 6-16 所示。单击"应用"按钮。

（3）打开"确认"对话框，确认已为 SCOTT.STUDENT 创建同义词 SYN_STUDENT，

单击"确定"按钮,创建同义词 SYN_STUDENT,如图 6-17 所示。

图 6-16 "新建同义词"对话框   图 6-17 "确认"对话框

三、删除同义词

1. 使用 SQL 删除同义词

使用 DROP SYNONYM 语句删除同义词。

(1) 删除私有同义词。基本语法如下。

```
DROP SYNONYM 同义词名称
```

(2) 删除公用同义词。基本语法如下。

```
DROP PUBLIC SYNONYM 同义词名称
```

以删除 SYN_STUDENT 同义词为例,介绍删除同义词的方法。在 scott 窗口中输入下列语句。

```
DROP SYNONYM syn_student;
```

按 F5 键或单击"运行脚本"按钮,运行结果显示在脚本输出中,如图 6-18 所示。

图 6-18 删除 SYN_STUDENT 同义词

2. 使用图形图像方法删除同义词

(1) 右击需要删除的同义词,弹出图 6-19 所示的快捷菜单,选择"删除"命令。

图 6-19 快捷菜单

（2）打开"删除"对话框，询问是否删除此同义词，单击"应用"按钮，打开"确认"对话框，单击"确定"按钮，删除同义词。

任务三 事务

任务引入

小李需要对现有的数据进行大量的修改，但是又担心修改错误后要一点一点地恢复，在查询资料后，他发现可以采用事务处理来解决这个问题。那么，什么是事务？事务又分为哪些类别？怎么执行事务处理？

知识准备

一、事务处理概述

在数据库中，事务是工作的逻辑单元，一个事务由一条或多条完成一组相关行为的 SQL 语句组成，通过事务机制确保这一组 SQL 语句所作的操作要么全部成功执行，完成整个工作单元的操作，要么一条也不执行。

一个逻辑工作单元必须有 4 种属性，称为 ACID 属性（原子性、一致性、隔离性和持久性），只有这样才能成为一个事务。

- 原子性（Atomicity）：事务必须是原子工作单元，对于数据的修改，要么全部执行，要么全部不执行。若事务在执行过程中发生错误，则会被回滚（Rollback）到事务开始时的状态，就像这个事务从来没有被执行过一样。
- 一致性（Consistency）：事务在完成时必须使所有的数据都保持一致的状态。在相关数据库中，所有规则都必须应用于事务的修改，以保持所有数据的完整性。在事务结束时，所有的内部数据结构（如 B 树索引或双向链表）都必须是正确的。
- 隔离性（Isolation）：由并发事务所做的修改必须与任何其他并发事务所做的修改隔离。事务在查看数据所处的状态时，结果要么是另一并发事务修改它之前的状态，要么是另一事务修改它之后的状态，事务不会查看中间状态的数据。这称为可串行性，它能够重新装载起始数据，并且重播一系列事务，以使事务结束时的状态与原始事务执行时的状态相同。
- 持久性（Durability）：在事务完成之后，它对于系统的影响是永久性的，即使出现系统故障，该修改也将一直保持。

二、执行事务

Oracle 数据库没有提供开始事务处理的语句，所有的事务都是隐式开始的，也就是说在 Oracle 中，用户不可以显式地使用命令来开始一个事务。Oracle 事务修改数据库时的第一条语句，或一些要求事务处理的场合都是隐式开始的。但是当用户想要终止一个事务处理时，必须显式地使用 COMMIT 和 ROLLBACK 语句。

1. 设置事务

使用 SET TRANSACTION 关键字设置事务的各种状态。如只读、读/写、隔离级别、名称或回滚段等。基本语法如下。

```
SET TRANSACTION [read only|read write]
                [isolation level [serialize|read commited]]
                [use rollback segment '段名称']
                [name '事务名称']
```

说明

- read only：将事务设置为只读事务。
- read write：将事务设置为读/写事务。
- serialize：如果事务尝试更新由另一个事务更新但未提交的资源，则事务将失败。
- read commited：如果事务需要另一个事务特有的行锁，则事务将等待，直到行锁被释放。
- use rollback segment：将事务分配给由段名称标识的回滚段。
- name：为事务分配一个名称。

提示

START TRANSACTION 是事务处理的第一条语句，必须在任何 INSERT、UPDATE、DELETE 语句以及其他的事务处理之前。

在使用 START TRANSACTION 语句设置属性时，很少指定回滚段，命名事务也非常简单，只有在分布式事务处理中才会体现事务命名的用途。

案例——设置事务为只读，并将其分配给 ex01

在 scott 窗口中输入下列语句。

```
SET TRANSACTION READ ONLY NAME'ex01';
```

按 F5 键或单击"运行脚本"按钮，运行结果出现在脚本输出中，如图 6-20 所示。

图 6-20　设置事务为只读，并将其分配给 ex01

2. 提交事务

如果没有遇到错误，则可以使用 COMMIT 语句成功地结束事务。该事务中的所有数据修改在数据库中都将永久有效。

提交事物的基本语法如下。

```
COMMIT;
```

 说明

一旦执行了该命令，将不能回滚事务。只有在所有修改都准备好提交给数据库时，才执行这一操作。

案例——插入记录并提交事务

（1）插入记录。在 scott 窗口中输入下列语句。

```
INSERT INTO course VALUES('8-188','大学英语','815');
```

按 F5 键或单击"运行脚本"按钮，运行结果出现在脚本输出中，如图 6-21 所示。

图 6-21　插入记录

（2）提交事务。在 scott 窗口中输入下列语句。

```
COMMIT;
```

按 F5 键或单击"运行脚本"按钮，运行结果出现在脚本输出中，如图 6-22 所示。

图 6-22　提交事务

（3）查询 COURSE 表中的记录。在 scott 窗口中输入下列语句。

```
SELECT * FROM course;
```

按 Ctrl+Enter 组合键或单击"运行语句"按钮，运行结果如图 6-23 所示。

图 6-23　查询 COURSE 表中的记录

3. 回滚事务

如果事务中出现错误，或用户决定取消事务，可以回滚该事务。

回滚事务的基本语法如下。

ROLLBACK;

说明

ROLLBACK 表示撤销事务，即事务在运行的过程中发生了某种故障而不能继续执行，系统会将事务对数据库进行的所有已完成的操作全部撤销并回滚到事务开始时的状态。

案例——在 COURSE 表中删除一个记录，然后回滚该事务

（1）删除记录。在 scott 窗口中执行下列语句。

```
DELETE FROM course WHERE cno='8-188';
```

按 F5 键或单击"运行脚本"按钮，运行结果出现在脚本输出中，如图 6-24 所示。

图 6-24 删除记录

（2）回滚事务。在 scott 窗口中输入下列语句。

```
ROLLBACK;
```

按 F5 键或单击"运行脚本"按钮，运行结果出现在脚本输出中，如图 6-25 所示。

图 6-25 回滚事务

（3）查询 COURSE 表中的记录。在 scott 窗口中输入下列语句。

```
SELECT * FROM course;
```

按 Ctrl+Enter 组合键或单击"运行语句"按钮，运行结果如图 6-26 所示。

	CNO	CNAME	TNO
1	8-166	高等数学	888
2	8-168	大学语文	868
3	6-166	数字电路	856
4	3-105	计算机导论	825
5	3-245	操作系统	804
6	8-188	大学英语	815

图 6-26 查询 COURSE 表中的记录

说明

从结果得知，由于回滚了事务，所以在 COURSE 表中没有删除记录。

4. 在事务内设置保存点

保存点（savepoint）是在事务处理中实现"子事务"（subtransaction）的方法，也称为嵌套事务的方法。事务可以回滚到保存点而不影响保存点创建前的修改，不需要放弃整个事务。

（1）定义保存点的基本语法如下。

SAVEPOINT 事物保存点名称

 说明

在一个事务中可以有多个事务保存点。

（2）回滚到保存点的基本语法如下。

ROLLBACK [WORK] [TO[SAVEPOINT] 事务保存点名称|FORCE'string']

 说明

- WORK：可选项。使用或不使用 WORK 参数来发出 ROLLBACK 会导致相同的结果。
- TO SAVEPOINT 事务保存点名称：可选项。ROLLBACK 语句会撤销当前会话的所有更改，直到指定的保存点。如果 ROLLBACK 语句后边不跟随保存点名称，则会直接回滚到事务执行之前的状态。
- FORCE'string'：可选项。它用于强制回滚可能已损坏或有问题的事务。

（3）删除某个保存点的基本语法如下。

RELEASE SAVEPOINT 事务保存点名称

案例——设置保存点，然后回滚该保存点

（1）删除记录。在 scott 窗口中执行以下语句。

DELETE FROM course WHERE cno='8-188';

按 F5 键或单击"运行脚本"按钮，运行结果出现在脚本输出中，如图 6-27 所示。

图 6-27　删除记录

（2）设置保存点。在 scott 窗口中输入下列语句。

SAVEPOINT sp1;

按 F5 键或单击"运行脚本"按钮，运行结果出现在脚本输出中，如图 6-28 所示。

图 6-28　设置保存点

（3）删除记录。在 scott 窗口中输入下列语句。
```
DELETE FROM course WHERE cno='8-168';
```
按 F5 键或单击"运行脚本"按钮，运行结果出现在脚本输出中，如图 6-29 所示。

图 6-29　删除记录

（4）回滚至保存点。在 scott 窗口中输入下列语句。
```
ROLLBACK TO sp1;
```
按 F5 键或单击"运行脚本"按钮，运行结果出现在脚本输出中，如图 6-30 所示。

图 6-30　回滚至保存点

（5）查询 COURSE 表中的记录。在 scott 窗口中输入下列语句。
```
SELECT * FROM course;
```
按 Ctrl+Enter 组合键或单击"运行语句"按钮，运行结果如图 6-31 所示。

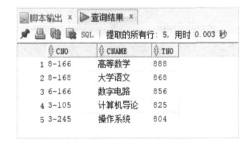

图 6-31　查询 COURSE 表中的记录

说明

从结果得知，由于在事务内设置了保存点，ROLLBACK 语句只回滚到该保存点为止，所以只删除保存点前的一个记录。

注意

因为 Oracle 支持多个事务并发执行,所以会出现以下数据异常。

(1)错读/脏读:当用户1正在读取数据库中的表A时,用户2正在修改表A,在用户2修改完成后,用户1再次读取表A,用户1读取的是修改过的数据,而用户2又撤销了修改,此时用户1读取表A而产生的数据异常称为"错读"或"脏读"。

(2)非重复读/不重复读:是指在一个事务读取数据库中的数据后,另一个事务更新了数据,当第一个事务再次读取数据时,就会发现数据已经发生了改变,这样产生的数据异常就是非重复读。非重复读所导致的结果就是一个事务前后两次读取的数据不相同。

(3)假读:如果一个事务在基于某个条件读取数据后,另一个事务更新了同一个表中的数据,那么当第一个事务再次读取数据时,根据搜索的条件返回了不同的行,这样产生的数据异常就是假读。

事务中遇到的这些异常与事务的隔离性设置有关,事务的隔离性设置越多,异常就越少,并发效果就越好;而事务的隔离性设置越少,异常就越多,并发效果就越差。

项目总结

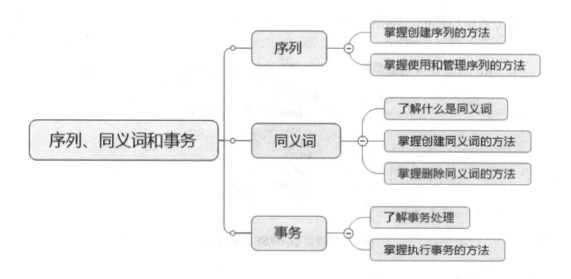

项目实战

实战一 创建序列并使用

(1) 创建序列。在 scott 窗口中输入下列语句。
```
CREATE SEQUENCE seq_emp
MAXVALUE 9999
START WITH 900
INCREMENT BY 10
CACHE 5;
```
按 F5 键或单击"运行脚本"按钮，运行结果出现在脚本输出中，如图 6-32 所示。

(2) 使用序列为表添加新记录。在 scott 窗口中输入下列语句。
```
INSERT INTO emp(empno,ename,job,sal)
VALUES(seq_emp.NEXTVAL,'小李','salesman',2158);
```
按 F5 键或单击"运行脚本"按钮，运行结果出现在脚本输出中，如图 6-33 所示。

图 6-32 创建序列　　　　　　　图 6-33 使用序列为表添加新记录

(3) 查询当前的序列号。在 scott 窗口中输入下列语句。
```
SELECT seq_emp.CURRVAL FROM dual;
```
按 Ctrl+Enter 组合键或单击"运行语句"按钮，运行结果如图 6-34 所示。

图 6-34 查询当前的序列号

实战二 设置保存点，然后回滚该保存点

(1) 插入记录。在 scott 窗口中执行以下语句。
```
INSERT INTO emp VALUES(8888,'小刘','analyst',7658,null,2560,null,20);
```
按 F5 键或单击"运行脚本"按钮，运行结果出现在脚本输出中，如图 6-35 所示。

(2) 设置保存点。在 scott 窗口中输入下列语句。
```
SAVEPOINT sp1;
```
按 F5 键或单击"运行脚本"按钮，运行结果出现在脚本输出中，如图 6-36 所示。

图 6-35 插入记录

图 6-36 设置保存点

(3) 插入记录。在 scott 窗口中输入下列语句。

```
INSERT INTO emp VALUES(9999,'小胡','clerk',7558,null,3840,null,10);
```

按 F5 键或单击"运行脚本"按钮，运行结果出现在脚本输出中。

(4) 回滚至保存点。在 scott 窗口中输入下列语句。

```
ROLLBACK TO sp1;
```

按 F5 键或单击"运行脚本"按钮，运行结果出现在脚本输出中，如图 6-37 所示。

图 6-37 回滚至保存点

(5) 查询 EMP 表中的记录。在 scott 窗口中输入下列语句。

```
SELECT * FROM emp;
```

按 Ctrl+Enter 组合键或单击"运行语句"按钮，运行结果如图 6-38 所示。

	EMPNO	ENAME	JOB	MGR	HIREDATE	SAL	COMM	DEPTNO
1	7369	SMITH	CLERK	7902	17-12月-80	1600	(null)	20
2	7499	ALLEN	SALESMAN	7698	20-2月 -81	1600	300	30
3	7521	WARD	SALESMAN	7698	22-2月 -81	1250	500	30
4	7566	JONES	MANAGER	7839	02-4月 -81	2975	(null)	20
5	7654	MARTIN	SALESMAN	7698	28-9月 -81	1250	1400	30
6	7698	BLAKE	MANAGER	7839	01-5月 -81	2850	(null)	30
7	7782	CLARK	MANAGER	7839	09-6月 -81	2450	(null)	10
8	7839	KING	PRESIDENT	(null)	17-11月-81	5000	(null)	10
9	7844	TURNER	SALESMAN	7698	08-9月 -81	1500	0	30
10	7900	JAMES	CLERK	7698	03-12月-81	1750	(null)	30
11	7902	FORD	ANALYST	7566	03-12月-81	3000	(null)	20
12	7934	MILLER	CLERK	7782	23-1月 -82	1300	(null)	10
13	8126	TOM	CLERK	(null)	(null)	(null)	(null)	(null)
14	900	小李	salesman	(null)	(null)	2158	(null)	(null)
15	8888	小刘	analyst	7658	(null)	2560	(null)	20

图 6-38 查询 EMP 表中的记录

项目七

PL/SQL 编程

小知识——关于党的二十大

党的二十大重点内容复习 之一
——完整、准确、全面贯彻新发展理念，着力推动高质量发展，主动构建新发展格局，蹄疾步稳推进改革，扎实推进全过程人民民主，全面推进依法治国，积极发展社会主义先进文化，突出保障和改善民生，集中力量实施脱贫攻坚战，大力推进生态文明建设，坚决维护国家安全，防范化解重大风险，保持社会大局稳定，大力度推进国防和军队现代化建设，全方位开展中国特色大国外交，全面推进党的建设新的伟大工程。

素养目标

- 培养编程热情，学会理论联系实际。
- 培养创新意识，充分挖掘潜能，调动自身积极性。

技能目标

- 能够运用数据类型、变量、函数、流程控制语句进行编程。
- 能够使用显式游标处理。

项目导读

PL/SQL 是 Oracle 引入的一种过程化编程语言，构建于 SQL 之上，可以用来编写包含 SQL 语句的程序。PL/SQL 是第三代编程语言，可以实现较为复杂的逻辑。

任务一 PL/SQL 基础

任务引入

小李不仅想访问和操作数据库,还想开发应用软件。那么,使用什么语言可以对 Oracle 数据库进行高级程序设计呢?编写程序会用到什么运算符、函数、变量及流程控制语句呢?

知识准备

SQL 只是访问、操作数据库的语言,并不是一种具有流程控制的程序设计语言,而只有程序设计语言才能用于应用软件的开发。PL/SQL 是一种高级数据库程序设计语言,专门用于在各种环境下对 Oracle 数据库进行访问。

一、PL/SQL 简介

PL/SQL 是 Oracle 系统的核心语言,现在 Oracle 的许多部件都是由 PL/SQL 编写的。PL/SQL 程序的运行是通过 Oracle 中的一个引擎来实现的,这个引擎可能在 Oracle 的服务器端,也可能在 Oracle 应用开发的客户端。引擎执行 PL/SQL 中的过程性语句,然后将 SQL 语句发送给数据库服务器来执行,再将结果返回给执行端。

1. PL/SQL 块

PL/SQL 程序由三个块组成:声明部分、执行部分、异常处理部分。

标准 PL/SQL 程序的结构如下所示。

```
DECLARE
/*声明部分:在此声明 PL/SQL 用到的变量、类型、游标以及局部的存储过程和函数*/
BEGIN
/*执行部分:过程及 SQL 语句,即程序的主要部分*/
EXCEPTION
/*异常处理部分:错误处理*/
END;
```

2. 标识符

PL/SQL 块和程序项的名字叫作标识符,它可以用于定义常量、变量、异常、显式游标、游标变量、参数、子程序以及包的名称。

PL/SQL 程序设计中的标识符定义与 SQL 中的标识符定义的要求相同。要求和限制如下。

(1)标识符名不能超过 30 个字符。

(2)第一个字符必须为字母。

(3) 不区分大小写。

(4) 不能用"-"(减号)。

(5) 不能是 SQL 保留字。

 注意

一般不要把变量名声明与表中字段名设置成完全一样的,这样可能得到错误的结果。

标识符命名规则如表 7-1 所示。

表 7-1 标识符命名规则

标识符	命名规则	例子
程序变量	V_name	V_name
程序常量	C_Name	C_company_name
游标变量	Cursor_Name	Cursor_student
异常标识	E_name	E_too_many
表类型	Name_table_type	student_record_type
表	Name_table	student
记录类型	Name_record	Student_record
SQL*Plus 替代变量	P_name	P_sa-
绑定变量	G_name	G_year_sa-

3. 注释

注释是指程序代码中不执行的文本字符串,也称为注解。使用注释对代码进行说明,可以使程序代码更易于维护。注释通常用于记录程序名称、作者姓名和主要代码更改的日期,还可用于描述复杂计算或解释编程方法。

有两种类型的注释字符。

- --(双连字符):这些注释字符可以与要执行的代码处在同一行,也可以另起一行。从双连字符开始到行尾均为注释。对于多行注释,必须在每个注释行的开始都使用双连字符。

- /*…*/(正斜杠-星号对):这些注释字符可以与要执行的代码处在同一行,也可以另起一行,甚至可以在执行代码的内部。从开始注释对(/*)到结束注释对(*/)之间的全部内容均为注释部分。对于多行注释,必须使用开始注释对(/*)开始注释,使用结束注释对(*/)结束注释。注释行上不应出现其他注释字符。

二、数据类型

PL/SQL 变量、常量和参数都必须有一个有效的数据类型,需要指定存储格式、约束和值的有效范围。

常见的基本数据类型如表 7-2 所示。

Oracle 数据库基础与应用

表 7-2 常见的基本数据类型

分类	数据类型	描述
数值型	PLS_INTEGER	2,147,483,647 到 -2,147,483,648 范围内的有符号整数，以 32 位表示
	BINARY_INTEGER	2,147,483,647 到 -2,147,483,648 范围内的有符号整数，以 32 位表示
	NUMBER(prec, scale)	定点或浮点数：[1E-130,1E126]
字符型	CHAR	具有 32,767 个字节的最大长度的固定长度字符串。如果长度没有确定，则默认是 1
	VARCHAR2	具有 32,767 个字节的最大长度的变长字符串
	NCHAR	具有 32,767 个字节的最大长度的固定长度国家字符串
	NVARCHAR2	具有 32,767 个字节的最大长度的可变长度国家字符串
	LONG	具有 32,760 个字节的最大长度的变长字符串
日期型	DATE	固定长度的日期时间，其中包括每天在几秒钟内从午夜开始的时间。有效的日期范围是公元前 4712 年 1 月 1 日至 9999 年 12 月 31 日
布尔型	BOOLEAN	逻辑值为 TRUE 和 FALSE 的布尔值及 NULL 值

1. 字符型

在存储字符串时采用字符型数据类型。字符型数据由字母、符号和数字组成。在 Oracle 中常用的字符类型包括 CHAR、VARCHAR2、NCHAR、NVARCHAR2 和 LONG。

CHAR：具有 32,767 个字节的最大长度的固定长度字符串。如果长度没有确定，则默认是 1。如果设置的内容不满足其定义的长度，则系统会自动补充空格。

VARCHAR2：具有 32,767 个字节的最大长度的变长字符串。如果设置的内容不满足其定义的长度，则系统不会自动补充空格。

NCHAR：具有 32,767 个字节的最大长度的固定长度国家字符串，使用 UNICODE 编码。

NVARCHAR2：具有 32,767 个字节的最大长度的可变长度国家字符串，使用 UNICODE 编码。

LONG：存储可变长度的字符串，不同于 VARCAHR2 类型，它对于字段的存储长度可达 2GB，但是作为 PL/SQL 变量，和 VARCHAR2 一样，只能存储最多 32,767B。

案例——打印"Hello, 您好!"

在 scott 窗口中输入下列语句。

```
set serveroutput on
DECLARE
  message varchar2(20):= 'Hello, 您好! ';
BEGIN
  dbms_output.put_line('message');
END;
/
```

按 F5 键或单击"运行脚本"按钮，运行结果出现在脚本输出中，如图 7-1 所示。

图 7-1 打印"hello,您好!"

 注意

如果要在屏幕上输出信息,则需要将 serveroutput 开关打开。

2. 数值型

在 Oracle 中,常用的数值型包括 PLS_INTEGER、BINARY_INTEGER、NUMBER。

NUMBER:可以存储小数和整数类型的数据,格式为 NUMBER(P,S),其中 P 表示的是精度(总的位数),S 表示的是小数点后的位数。

PLS_INTEGER 和 BINARY_INTEGER:主要用来存储整数类型的数据,存储整数的范围都是 $-2^{31} \sim 2^{31}-1$。但是在 BINARY_INTEGER 发生内存溢出时,系统会给它分配一个 NUMBER 类型的数据;而在 PLS_INTEGER 发生内存溢出时,系统会直接报错。

案例——求 10 与 100 的和

在 scott 窗口中输入下列语句。

```
set serveroutput on
DECLARE
  A number(3);
  B number(4);
BEGIN
  A:=10;
  B:=100;
  dbms_output.put_line('A+B='||(A+B));
END;
/
```

按 F5 键或单击"运行脚本"按钮,运行结果出现在脚本输出中,如图 7-2 所示。

图 7-2 10 与 100 的和

3. 日期型

日期型和 SQL 中的时间类型一致,有 DATE 和 TIMESTAMP 两种时间类型。

DATE:存储固定长度的日期时间,包括从午夜开始的几秒钟时间。有效的日期范围是公元前 4712 年 1 月 1 日至 9999 年 12 月 31 日。

TIMESTAMP：是 DATE 子类型，包括日期和时间，时间部分包含毫秒。

案例——输出当前日期

在 scott 窗口中输入下列语句。

```
set serveroutput on
DECLARE
  day DATE:=SYSDATE;
BEGIN
  dbms_output.put_line('当前日期:'||TO_CHAR(day,'yyyy-mm-dd hh24:mi:ss'));
END;
/
```

按 F5 键或单击"运行脚本"按钮，运行结果出现在脚本输出中，如图 7-3 所示。

图 7-3 输出当前日期

4. 布尔型

在逻辑操作中需要使用布尔型存储的逻辑值。在 SQL 中没有数据类型等同于布尔型。PL/SQL 程序中的逻辑判断的值有：TRUE、FALSE、NULL。

三、变量

1. 一般变量

PL/SQL 是一种强类型的编程语言，所有的变量都必须在声明之后使用。对于变量名称有如下命名规则。

- 变量名称可以由字母、数字、下画线、$和#等组成。
- 所有的变量名称都要求以字母开头，但不能是 Oracle 中的关键字。
- 变量的长度最多不能超过 30 个字符。

案例——删除学号为"105"的学生

在 scott 窗口中输入下列语句。

```
set serveroutput on
DECLARE
  v_sno char(5):='105';
BEGIN
  DELETE FROM student WHERE sno=v_sno;
  dbms_output.put_line('sno:'||v_sno||'is deleted');
END;
```

/

按 F5 键或单击"运行脚本"按钮，运行结果出现在脚本输出中，如图 7-4 所示。

图 7-4　删除学号为"105"的学生

2. %TYPE

使用%TYPE 定义一个变量，其数据类型与已经定义的某个数据变量（尤其是表的某一列）的数据类型一致。

%TYPE 的优点如下。

（1）可以知道所引用的列的数据类型。

（2）可以实时修改所引用的列的数据类型，容易保持一致，也不用修改 PL/SQL 程序。

案例——打印 empno 号为"7521"的员工的名字和工资

在 scott 窗口中输入下列语句。

```
set serveroutput on
DECLARE
  v_empno number:=7521;
  v_ename emp.ename%type;
  v_sal emp.sal%type;
BEGIN
  SELECT ename,sal into v_ename,v_sal
  FROM emp
  WHERE empno=v_empno;
  dbms_output.put_line('empno:'||v_empno||'name:'||v_ename||'salary:'||v_sal);
END;
/
```

按 F5 键或单击"运行脚本"按钮，运行结果出现在脚本输出中，如图 7-5 所示。

图 7-5　打印 empno 号为"7521"的员工的名字和工资

3. %ROWTYPE

使用%ROWTYPE 操作符返回一个记录，该记录的数据类型和表的数据类型一致。

使用%ROWTYPE 的优点如下。

（1）可以不知道所引用的列的个数和数据类型。

（2）可以实时改变所引用的列的个数和数据类型，容易保持一致，也不用修改 PL/SQL 程序。

案例——打印 7839 号员工的记录

在 scott 窗口中输入下列语句。

```
set serveroutput on
DECLARE
  v_emp emp%rowtype;
BEGIN
  SELECT * into v_emp FROM emp
  WHERE empno=7839;
  dbms_output.put_line('empno:'||v_emp.empno);
  dbms_output.put_line('ename:'||v_emp.ename);
  dbms_output.put_line('job:'||v_emp.job);
  dbms_output.put_line('sal:'||v_emp.sal);
END;
/
```

按 F5 键或单击"运行脚本"按钮，运行结果出现在脚本输出中，如图 7-6 所示。

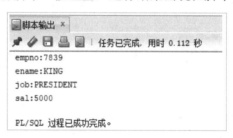

图 7-6 打印 7839 号员工的记录

四、函数

此处的函数是 Oracle 数据库提供的内部函数，这些内部函数可以帮助用户更加方便地处理表中的数据。函数就像预定的公式一样被存放在数据库里，每个用户都可以调用已经存在的函数来实现某些功能。

函数包括数值函数、字符串函数、日期函数、转换函数、条件判断函数、系统信息函数和加密函数等。

1. 数值函数

数值函数主要用于处理数字。这类函数包括绝对值函数、正弦函数、余弦函数和获得随机数的函数等，如表 7-3 所示。

表 7-3 数值函数

函数	作用
ABS(x)	返回 x 的绝对值
MOD(x,y)	返回 x 除以 y 的余量
CEIL(x)	返回小于或等于 x 的最小整数值
FLOOR(x)	返回小于或等于 x 的最大整数值
ROUND(x,[y])	返回四舍五入后的值
TRUN(x,[y])	返回 x 按精度 y 截取后的值
SIGN(x)	返回 x 的正负值
POWER(x,y)	返回 x 的 y 次幂
EXP(y)	返回 e 的 y 次幂
LOG(x,y)	返回以 x 为底的 y 的对数
LN(y)	返回以 e 为底的 y 的对数
SIN(x)	返回 x 的正弦值
SIGH(x)	返回 x 的双曲正弦值
ASIN(x)	返回 x 的反正弦值，与函数 SIN 互为反函数
COS(x)	返回 x 的余弦值
ACOS(x)	返回 x 的反余弦值，与函数 COS 互为反函数
TAN(x)	返回 x 的正切值
ATAN(x)	返回 x 的反正切值，与函数 TAN 互为反函数
TANH(x)	返回 x 的双曲正切值
SQRT(x)	返回 x 的平方根

例如，求 5，-5.5 和-55 的绝对值。在 scott 窗口中输入下列语句。

```
SELECT ABS(5), ABS(-5.5), ABS(-55) FROM text;
```

按 Ctrl+Enter 组合键或单击"运行语句"按钮▶，运行结果如图 7-7 所示。

图 7-7 求绝对值

例如，求 16，36 和 81 的平方根。在 scott 窗口中输入下列语句。

```
SELECT SQRT(16), SQRT(36), SQRT(81) FROM text;
```

按 Ctrl+Enter 组合键或单击"运行语句"按钮▶，运行结果如图 7-8 所示。

图 7-8 求平方根

Oracle 数据库基础与应用

 说明

如果对负数求平方根,则显示图7-9所示的错误消息,这是因为负数没有实数平方根。

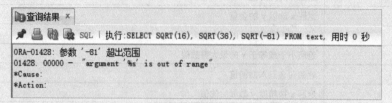

图7-9 错误消息

例如,求16除以3、36除以3和-81除以4的余数。在scott窗口中输入下列语句。
```
SELECT MOD(16,3), MOD(36,3), MOD(-81,4) FROM text;
```
按Ctrl+Enter组合键或单击"运行语句"按钮 ▶,运行结果如图7-10所示。

图7-10 求余数

例如,求不小于-3.1,3.1的整数。在scott窗口中输入下列语句。
```
SELECT CEIL(-3.1), CEIL(3.1) FROM text;
```
按Ctrl+Enter组合键或单击"运行语句"按钮 ▶,运行结果如图7-11所示。

图7-11 求整数

 说明

因为-3.1为负数,所以不小于-3.1的最小整数为3,而3.1为正数,不小于3.1的最小整数为4。

例如,进行幂运算。在scott窗口中输入下列语句。
```
SELECT POWER(2,3), POWER(2,-3) FROM text;
```
按Ctrl+Enter组合键或单击"运行语句"按钮 ▶,运行结果如图7-12所示。

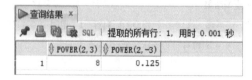

图7-12 幂运算

例如,进行对数运算。在 scott 窗口中输入下列语句。
```
SELECT LOG(2,10), LOG (10,2) FROM text;
```
按 Ctrl+Enter 组合键或单击"运行语句"按钮▶,运行结果如图 7-13 所示。

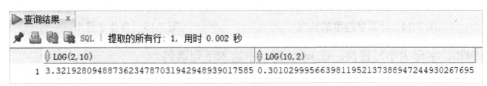

图 7-13　对数运算

2. 字符串函数

字符串函数主要用于处理字符串,包括字符串连接函数、将字符串的字母都变成小写或大写字母的函数和获取子串的函数等,如表 7-4 所示。

表 7-4　字符串函数

函数	作用
ASCII(x1)	返回字符表达式最左端字符的 ASCII 码值
CHR(n1)	将 ASCII 码转换为字符,与 ASCII 互为函数
CONCAT(x1,x2)	合并字符串函数,返回结果为连接参数产生的字符串,参数可以是一个或多个
INITCAP(x1) NLS_INITCAP(x,[y])	返回字符串并将字符串的第一个字母变为大写,其他字母小写
LENGTH(x1)	返回字符串的字节长度
LOWER(x1) NLS_LOWER(x,[Y])	将字符串中的字母转换为小写
UPPER(x1) NLS_UPPER(x,[Y])	将字符串中的字母转换为大写
INSTR(x1,x2)	在一个字符串中搜索指定的字符,返回指定的字符的位置
LPAD(x1,n,[x2])	在字符串 x1 的左侧用字符串 x2 填充,直到长度为 n
RPAD(x1,n,[x2])	在字符串 x1 的右侧用字符串 x2 填充,直到长度为 n
TRIM(x1FROMx2)	删除左侧和右侧出现的字符串
LTRIM(x1,[x2])	删除左侧出现的字符串
RTRIM(x1,[x2])	删除右侧出现的字符串
REPLACE(x1,x2,[x3])	将字符表达式值中相同字符串替换成新的字符串
SUBSTR(x1,x2,[x3])	截取字符串
TRANSLATE(x1,x2,x3)	在字符表达式中将指定字符替换为新字符

例如,计算字符串的长度。在 scott 窗口中输入下列语句。
```
SELECT LENGTH('teacher'),LENGTH('老师') FROM text;
```
按 Ctrl+Enter 组合键或单击"运行语句"按钮▶,运行结果如图 7-14 所示。

例如,合并字符串。在 scott 窗口中输入下列语句。
```
SELECT CONCAT('tea','cher') FROM text;
```
按 Ctrl+Enter 组合键或单击"运行语句"按钮▶,运行结果如图 7-15 所示。

图 7-14　计算字符串的长度　　　　　图 7-15　合并字符串

例如，字母大小写转换。在 scott 窗口中输入下列语句。

```
SELECT UPPER('teacher'), LOWER('TEACHER') FROM text;
```

按 Ctrl+Enter 组合键或单击"运行语句"按钮▶，运行结果如图 7-16 所示。

图 7-16　字母大小写转换

例如，将每个单词的首字母变成大写。在 scott 窗口中输入下列语句。

```
SELECT INITCAP('who is ORACLE tEACHER ') FROM text;
```

按 Ctrl+Enter 组合键或单击"运行语句"按钮▶，运行结果如图 7-17 所示。

图 7-17　将每个单词的首字母变成大写

例如，在左侧添加字符。在 scott 窗口中输入下列语句。

```
SELECT LPAD('teacher',10, 'oracle') FROM text;
```

按 Ctrl+Enter 组合键或单击"运行语句"按钮▶，运行结果如图 7-18 所示。

图 7-18　在左侧添加字符

 说明

在 LPAD（x1,n,[x2]）中，如果 x1 长度大于 n，则返回 x1 左侧的 n 个字符，如果 x1 长度小于 n，x2 和 x1 连接后长度大于 n，则返回连接后右侧的 n 个字符。

例如，在右侧添加字符。在 scott 窗口中输入下列语句。

```
SELECT RPAD('tea',15, 'oracle') FROM text;
```

按 Ctrl+Enter 组合键或单击"运行语句"按钮▶，运行结果如图 7-19 所示。

图 7-19　在右侧添加字符

 说明

在 RPAD（x1,n,[x2]）中，如果 x1 长度大于 n，则返回 x1 右侧的 n 个字符，如果 x1 长度小于 n，x2 和 x1 连接后长度大于 n，则返回连接后左侧的 n 个字符。如果 x1 长度小于 n，x2 和 x1 连接长度后小于 n，则返回 x1 与多个重复 x2 连接（总长度大于或等于 n）后的左侧 n 个字符。

例如，替换子串字符。在 scott 窗口中输入下列语句。

SELECT REPLACE ('who is mysql teacher', 'mysql ', 'oracle') FROM text;

按 Ctrl+Enter 组合键或单击"运行语句"按钮▶，运行结果如图 7-20 所示。

图 7-20　替换子串字符

3. 日期函数

日期函数主要用于处理日期，包括获取当前日期的函数、返回时区的函数和返回会话区的当前日期的函数等，如表 7-5 所示。

表 7-5　日期函数

函数	作用
SYSDATE	返回当前日期
ADD_MONTHS(d1,n1)	返回在日期 d1 基础上再加 n1 个月后新的日期
LAST_DAY(d1)	返回日期 d1 所在月份最后一天的日期
MONTHS_BETWEEN(d1,d2)	返回日期 d1 到日期 d2 之间的月份
NEW_TIME(dt1,c1,c2)	给出时间 dt1 在 c1 时区对应 c2 时区的日期和时间
ROUND(d1,[c1])	返回对日期 d1 进行四舍五入后得到的结果中的第一天日期
TRUNC(d1,[c1])	返回 d1 的日期部分
EXTRACT(c1 FROM d1)	返回日期 d1 中 c1 指定的部分
NEXT_DAY(d1,[c1])	返回从 d1 开始，到未来 C1 星期的日期
LOCALTIMESTAMP	返回会话中的日期和时间
CURRENT_TIMESTAMP	返回当前会话时区中的当前日期
DBTIMEZONE	返回时区
SESSIONTIMEZONE	返回会话时区
INTERVAL	变动日期时间数值

例如，获取系统当前日期。在 scott 窗口中输入下列语句。
```
SELECT SYSDATE FROM text;
```
按 Ctrl+Enter 组合键或单击"运行语句"按钮▶，运行结果如图 7-21 所示。

图 7-21　获取系统当前日期

例如，获取指定月份的日期。在 scott 窗口中输入下列语句。
```
SELECT ADD_MONTHS(SYSDATE,3) FROM text;
```
按 Ctrl+Enter 组合键或单击"运行语句"按钮▶，运行结果如图 7-22 所示。

图 7-22　获取指定月份的日期

例如，获取本月最后一天的日期。在 scott 窗口中输入下列语句。
```
SELECT LAST_DAY(SYSDATE) FROM text;
```
按 Ctrl+Enter 组合键或单击"运行语句"按钮▶，运行结果如图 7-23 所示。

图 7-23　获取本月最后一天的日期

例如，获取两个日期间隔的月份。在 scott 窗口中输入下列语句。
```
SELECT MONTHS_BETWEEN('10-5月-22', '10-2月-22') mon_between FROM text;
```
按 Ctrl+Enter 组合键或单击"运行语句"按钮▶，运行结果如图 7-24 所示。

图 7-24　获取两个日期间隔的月份

说明

在 EXTRACT(c1 FROM d1)函数中，如果 d1>d2，则返回正数；如果 d1<d2，则返回负数。

例如，获取四舍五入的日期的第一天。在 scott 窗口中输入下列语句。
```
SELECT ROUND(SYSDATE),
ROUND(SYSDATE, 'DAY'),
ROUND(SYSDATE, 'MONTH'),
ROUND(SYSDATE, 'YEAR') FROM text;
```
按 Ctrl+Enter 组合键或单击"运行语句"按钮▶，运行结果如图 7-25 所示。

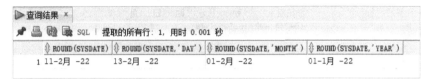

图 7-25 获取四舍五入的日期的第一天

说明

在 ROUND(d1,[c1]) 函数中，d1 格式默认为 DDD，即月中的某一天最靠近的天，舍去前半天，将后半天作为第二天；如果 c1 为 DAY，则舍入到最近的周的周日，即舍去上半周，将下半周作为下一周的周日；如果 c1 为 MONTH，则舍入到某月的第 1 天，即舍去上半月，将下半月作为下一月；如果 c1 为 YEAR，则舍入到某年的 1 月 1 日，即舍去上半年，将下半年作为下一年。

例如，获取日期所在期间的第一天。在 scott 窗口中输入下列语句。
```
SELECT TRUNC(SYSDATE),
TRUNC (SYSDATE, 'DAY'),
TRUNC (SYSDATE, 'MONTH'),
TRUNC (SYSDATE, 'YEAR') FROM text;
```
按 Ctrl+Enter 组合键或单击"运行语句"按钮▶，运行结果如图 7-26 所示。

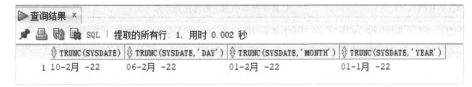

图 7-26 获取日期所在期间的第一天

说明

TRUNC 函数和 ROUND 函数非常相似，只是不对日期进行舍入，直接截取到对应格式的第一天。

例如，提取日期中的特定部分。在 scott 窗口中输入下列语句。
```
SELECT SYSDATE 日期,
EXTRACT(SECOND FROM SYSTIMESTAMP) 秒,
EXTRACT(MINUTE FROM SYSTIMESTAMP) 分,
EXTRACT(HOUR FROM SYSTIMESTAMP) 时,
```

```
EXTRACT(DAY FROM SYSDATE) 日,
EXTRACT(MONTH FROM SYSDATE) 月,
EXTRACT(YEAR FROM SYSDATE) 年 FROM text;
```

按 Ctrl+Enter 组合键或单击"运行语句"按钮▶,运行结果如图 7-27 所示。

图 7-27 提取日期中的特定部分

 说明

在 EXTRACT(c1 FROM d1)函数中,c1 为 YEAR、MONTH、DAY、HOUR、MINUTE、SECOND。其中 YEAR、MONTH、DAY 可以与 DATE 类型匹配,也可以与 TIMESTAMP 类型匹配;但是 HOUR、MINUTE、SECOND 必须与 TIMESTAMP 类型匹配。

4. 转换函数

转换函数将值从一种数据类型转换为另外一种数据类型。常见的转换函数如表 7-6 所示。

表 7-6 常见的转换函数

函数名称	作用
TO_CHAR(x,[[c2],c3])	将日期或数据转换为 CHAR 数据类型
TO_DATE(x,[[c2],c3])	将字符串转化为日期型
TO_NUMBER(x,[[c2],c3])	将字符串转化为数值型
TO_MULTI_BYTE(c1)	将字符串中的半角转化为全角
TO_SINGLE_BYTE(c1)	将字符串中的全角转化为半角

例如,把日期转换为指定格式的字符串。在 scott 窗口中输入下列语句。
```
SELECT TO_CHAR(SYSDATE,'YYYY-MM-DD HH24:MI:SS') 日期 FROM text;
```
按 Ctrl+Enter 组合键或单击"运行语句"按钮▶,运行结果如图 7-28 所示。

图 7-28 把日期转换为指定格式的字符串

例如,把字符串转换为指定的日期。在 scott 窗口中输入下列语句。
```
SELECT TO_DATE('202112','YYYYMM'),
TO_DATE('2021.12.23','YYYY.MM.DD'),
FROM text;
```
按 Ctrl+Enter 组合键或单击"运行语句"按钮▶,运行结果如图 7-29 所示。

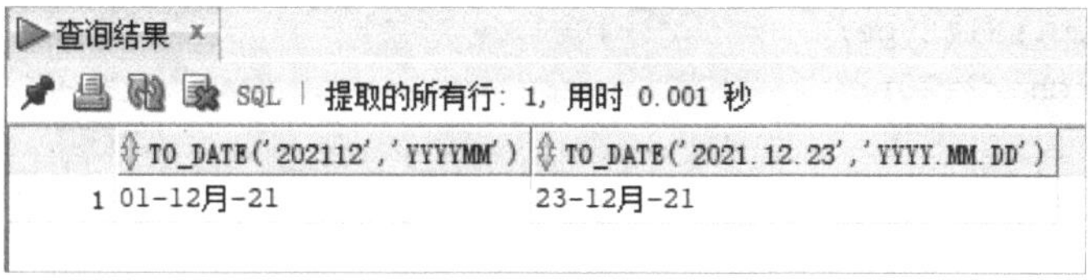

图 7-29 把字符串转换为指定的日期

五、流程控制语句

PL/SQL 的流程控制语句包括以下内容。
- 控制语句：IF 语句；
- 循环语句：LOOP 语句，EXIT 语句；
- 顺序语句：GOTO 语句，NULL 语句。

1. 条件语句

条件语句包括如下三种语法格式。

1）IF…THEN

基本语法如下。

```
IF <布尔表达式> THEN
    满足条件时执行的语句
END IF;
```

2）IF…THEN…ELSE

基本语法如下。

```
IF <布尔表达式> THEN
    满足条件时执行的语句
ELSE
    其他语句
END IF;
```

3）IF…THEN…ELSIF

基本语法如下。

```
IF <布尔表达式 1> THEN
    满足条件 1 时执行的语句
ELSIF <布尔表达式 2> THEN
    满足条件 2 时执行的语句
ELSE
    其他语句
END IF;
```

案例——显示 7900 号员工的工资水平

在 scott 窗口中输入下列语句。

```
set serveroutput on
DECLARE
    v_empno number:=7900;
```

```
    v_sal emp.sal%type;
    v_ge varchar2(20);
BEGIN
   SELECT sal into v_sal
     FROM emp
     WHERE empno=v_empno;
     IF v_sal>3000 THEN v_ge:='非常高';
      ELSIF v_sal>2000 THEN v_ge:='还可以';
         ELSE v_ge:='太低了';
      END IF;
     dbms_output.put_line(v_sal||':'||v_ge);
END;
/
```

按 F5 键或单击"运行脚本"按钮，运行结果出现在脚本输出中，如图 7-30 所示。

图 7-30　显示 7900 号员工的工资水平

2. CASE 语句

基本语法如下。

```
CASE 条件表达式
WHEN 条件表达式结果 1 THEN
     语句段 1
WHEN 条件表达式结果 2 THEN
     语句段 2
...
WHEN 条件表达式结果 n THEN
     语句段 n
[ELSE 条件表达式结果]
END;
```

案例——判断等级

在 scott 窗口中输入下列语句。

```
set serveroutput on
DECLARE
    v_level char(1):='A';
    v_ge varchar2(20);
BEGIN
    v_ge:=CASE v_level WHEN 'A' THEN '优秀'
        WHEN 'B' THEN '良好'
        WHEN 'C' THEN '及格'
           ELSE '不及格'
```

```
        END;
    dbms_output.put_line(v_ge);
END;
/
```

按 F5 键或单击"运行脚本"按钮 ,运行结果出现在脚本输出中,如图 7-31 所示。

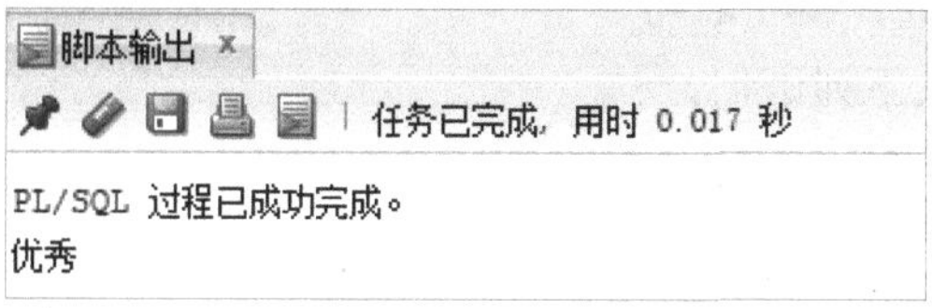

图 7-31 判断等级

3. 循环语句

1) Exit 循环

基本语法如下。

```
LOOP 要执行的语句;
Exit when<条件语句>;/*满足条件则退出
End LOOP;
```

2) While 循环

基本语法如下。

```
WHILE <布尔表达式>LOOP
    要执行的语句;
END LOOP;
```

3) FOR 循环

```
FOR 循环计数器 IN[REVERSE]下限...上限 LOOP
    要执行的语句;
END LOOP;
```

说明

- 每循环一次,循环变量自动加 1(在使用 REVERSE 时自动减 1)。
- 下限和上限必须是由小到大,而且必须是数字。
- 可以使用 Exit 退出循环。

案例——输出 1 到 10 十个数字

方法一 使用 Exit 循环语句

在 scott 窗口中输入下列语句。

```
set serveroutput on
DECLARE
    a number(2):=1;
BEGIN
    LOOP
        EXIT WHEN a>10;
```

```
      dbms_output.put_line(a);
      a:=a+1;
   END LOOP;
END;
/
```

方法二　使用 WHILE 循环语句

在 scott 窗口中输入下列语句。

```
set serveroutput on
DECLARE
   a number(2):=1;
BEGIN
   WHILE a<11 LOOP
      dbms_output.put_line(a);
       a:=a+1;
   END LOOP;
END;
/
```

方法三　使用 FOR 循环语句

在 scott 窗口中输入下列语句。

```
set serveroutput on
DECLARE

BEGIN
   FOR a in 1..10 LOOP
      dbms_output.put_line(a);
   END LOOP;
END;
/
```

按 F5 键或单击"运行脚本"按钮，运行结果出现在脚本输出中，如图 7-32 所示。

图 7-32　输出 1 到 10 十个数字

任务二 游标

任务引入

这个学期小李所在班级的体育成绩不是很理想,老师想让小李帮忙将学生的体育成绩分阶段提高一定的分数,可是只能统一加分,这时小李想到用游标来提取数据。那么,怎么打开游标并从中提取数据呢?怎么使用游标呢?

知识准备

一、游标概念

游标是从表中检索出结果集并每次指向一条记录进行交互的机制,用来管理从数据源返回的数据的属性(结果集)。这些属性包括并发管理、在结果集中的位置、返回的行数,以及能否在结果集中向前或向后移动(可滚动性)。游标跟踪结果集中的位置,并允许对结果集逐行执行多个操作,在这个过程中可能返回原始表,也可能不返回。换句话说,游标从概念上讲是基于数据库的表来返回结果集的。

游动的光标(指针)可以指向一个结果集,通过游标的移动逐行提取每一行的记录。当用它来查询数据库时,可以获取记录集合(结果集)的指针,从而让开发者一次访问一行结果集并在每个结果集上操作。当用它来存储多条记录的数据结构(结果集)时,它有一个指针,用来从上往下移动,从而达到遍历每条记录的目的。它指示结果集的当前位置,就像计算机屏幕上的光标指示当前位置一样,"游标"由此得名。

程序语言是面向记录的,一组变量一次只能存放一个变量或者一条记录,无法直接接收数据库中的结果集,引入游标就解决了这个问题。

游标的作用如下。

(1)指定结果集中特定行的位置。

(2)基于结果集的当前位置检索一行或连续的几行记录。

(3)在结果集的当前位置修改行中的数据。

(4)对其他用户所做的数据更改定义不同的敏感性级别。

(5)可以用编程的方式访问数据库。

二、显式游标处理

用户显式声明游标,即指定结果集。当查询返回结果超过一行时,就需要一个显式游标。使用显式游标处理数据需要 4 个步骤:定义游标、打开游标、提取游标数据和关闭游标。

1. 定义游标

游标由游标名称和游标对应的 SELECT 结果集组成。游标的定义应该放在 PL/SQL 程序块的声明部分中。

基本语法如下。

```
CURSOR 游标名称(参数) IS 查询语句
```

2. 打开游标

当打开游标时，游标会将符合条件的记录送入数据缓冲区，并将指针指向第一条记录。

基本语法如下。

```
OPEN 游标名称(参数);
```

3. 提取游标数据

将游标中的当前行数据赋给指定的变量或记录变量。

基本语法如下。

```
FETCH 游标名称 INTO 变量名;
```

4. 关闭游标

游标一旦使用完毕，就应将其关闭并释放相关的资源。

基本语法如下。

```
CLOSE 游标名称;
```

案例——读取教师信息

先声明一个游标，然后打开游标，最后关闭游标。在 scott 窗口中输入下列语句。

```
set serveroutput on
DECLARE
    CURSOR cur_teacher(v_depart in char:='计算机系')
    IS SELECT tno,tname,prof FROM teacher
    WHERE depart=v_depart;
    TYPE cord_teacher IS RECORD
    (
    v_tno teacher.tno%type,
    v_tname teacher.tname%type,
    v_prof teacher.prof%type
    );
    row_teacher cord_teacher;
BEGIN
    OPEN cur_teacher('电子工程系');
    FETCH cur_teacher INTO row_teacher;
    WHILE cur_teacher %found LOOP
    dbms_output.put_line(row_teacher.v_tname||'编号是'||row_teacher.v_tno||',职称是'||row_teacher.v_prof);
    FETCH cur_teacher INTO row_teacher;
    END LOOP;
    CLOSE cur_teacher;
```

```
END;
/
```

按 F5 键或单击"运行脚本"按钮，运行结果出现在脚本输出中，如图 7-33 所示。

图 7-33　读取教师信息

三、隐式游标处理

在执行 SQL 语句时，Oracle 会自动创建隐式游标，该游标是内存中处理该语句的数据缓冲区，存储了执行 SQL 语句后的结果。通过隐式游标属性可获知 SQL 语句的执行状态信息。

- %found：布尔型属性，如果 SQL 语句至少影响到一行数据，值为 TRUE，否则为 FALSE。
- %notfound：布尔型属性，与%found 相反。
- %rowcount：数值型属性，返回受 SQL 影响的行数。
- %isopen：布尔型属性，当游标已经打开时返回 TRUE，当游标关闭时返回 FALSE。

四、使用游标

使用游标更新记录的基本语法如下。
```
CORSOR 游标名称 IS 查询语句 FOR UPDATE;
```

案例——使用游标更新学生成绩

声明一个游标，更新学生成绩，60 分以内的增加 20 分，70 分以内的增加 10 分，其他增加 5 分。在 scott 窗口中输入下列语句。

```
set serveroutput on
DECLARE
  CURSOR cur_score
  IS SELECT * FROM score FOR UPDATE;
BEGIN
  FOR v_score IN cur_score LOOP
    IF v_score.degree <=60 THEN
      UPDATE score SET degree=v_score.degree+20
      WHERE CURRENT OF cur_score;
    ELSIF v_score.degree <=70 THEN
      UPDATE score SET degree=v_score.degree+10
      WHERE CURRENT OF cur_score;
```

```
        ELSE
        UPDATE score SET degree=v_score.degree+5
        WHERE CURRENT OF cur_score;
          END IF;
        END LOOP;
        COMMIT;
    END;
    /
```

按 F5 键或单击"运行脚本"按钮，运行结果出现在脚本输出中，如图 7-34 所示。更新成绩后的 SCORE 表，如图 7-35 所示。

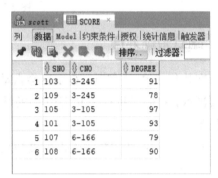

图 7-34　更新学生成绩　　　　　　　图 7-35　更新成绩后的 SCORE 表

项目总结

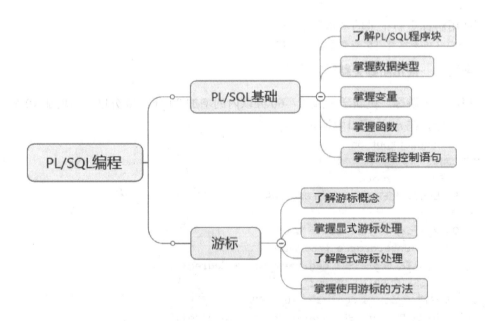

项目实战

实战一 查询员工信息

在 PL/SQL 代码块中定义一个记录变量,然后查询员工编号为"7654"的员工信息,在 scott 窗口中输入下列语句。

```
set serveroutput on
DECLARE
TYPE emp_1 IS RECORD
(
 v_name VARCHAR2(20)
 v_job VARCHAR2(9)
 v_sal NUMBER
 v_deptno NUMBER
);
 in_emp emp_1;
BEGIN
   SELECT ename,job,sal,deptno
    INTO in_emp
    FROM emp
    WHERE empno=7654;
    dbms_output.put_line('员工'||in_emp.v_name ||'的工作是'|| in_emp.v_job||',工资为'||in_emp.v_sal ||',部门号是'|| in_emp.v_deptno);
END;
/
```

按 F5 键或单击"运行脚本"按钮,运行结果出现在脚本输出中,如图 7-36 所示。

图 7-36 查询员工信息

实战二 打印 101 号学生的信息

在 scott 窗口中输入下列语句。

```
set serveroutput on
DECLARE
   v_student student%rowtype;
BEGIN
```

```
    SELECT * into v_student FROM student
    WHERE sno='101';
    dbms_output.put_line('sno:'||v_student.sno);
    dbms_output.put_line('sname:'||v_student.sname);
    dbms_output.put_line('ssex:'||v_student.ssex);
    dbms_output.put_line('ssex:'||v_student.sbirthday);
    dbms_output.put_line('class:'||v_student.class);
    dbms_output.put_line('nation:'||v_student.nation);
END;
/
```

按 F5 键或单击"运行脚本"按钮，运行结果出现在脚本输出中，如图 7-37 所示。

图 7-37　打印 101 号学生的信息

项目八

存储过程、函数和触发器

小知识——关于党的二十大

党的二十大重点内容复习 之二
——我们深入贯彻以人民为中心的发展思想，在幼有所育、学有所教、劳有所得、病有所医、老有所养、住有所居、弱有所扶上持续用力，人民生活全方位改善。人均预期寿命增长到七十八点二岁。居民人均可支配收入从一万六千五百元增加到三万五千一百元。城镇新增就业年均一千三百万人以上。

素养目标

- 学会理论联系实际，明白实践是检验真理的唯一标准。
- 充分发挥创造力，主动拓宽自己的视野，避免思维局限性。

技能目标

- 能够创建存储过程、调用存储过程和删除存储过程。
- 能够创建函数、调用函数和删除函数。
- 能够创建触发器和删除触发器。

项目导读

存储过程具有一次编译、多次调用的特点，能够较大幅度地降低服务器的压力。它被存放在服务器端，安全性更好，可以降低网络传输压力。

触发器常用来实现比外键约束更复杂的业务规则，使得表与表之间的数据依赖问题直接在数据库层面得到解决。

任务一　存储过程

任务引入

小李正在创建一个大型的数据库应用系统，需要完成某一特定功能的存储过程。那么，什么是存储过程？怎么创建存储过程？怎么调用、修改和删除存储过程呢？

知识准备

存储过程被存储在数据库中，由应用程序通过一个调用执行，允许用户声明变量，具有条件执行以及其他强大的编程功能。存储过程可以使管理数据库、显示关于数据库及其用户信息的工作变得更容易。

一、存储过程概述

存储过程包含程序流、逻辑以及对数据库的查询，可以接收参数、输出参数、返回单个或多个结果集以及返回值。

存储过程有如下优点。

1. 封装性

存储过程在被创建之后，可以在程序中被多次调用，而不必重新编写该存储过程的 SQL 语句。并且数据库专业人员可以随时对存储过程进行修改，而不会影响到调用它的应用程序源代码。

2. 可增强 SQL 语句的功能和灵活性

存储过程可以用流程控制语句编写，有很强的灵活性，可以完成复杂的判断和较复杂的运算。

3. 可减少网络流量

由于存储过程是在服务器端运行的，且执行速度快，因此在用户计算机上调用该存储过程时，网络中传送的只是该调用语句，从而可以降低网络负载。

4. 高性能

存储过程执行一次后，产生的二进制代码就驻留在缓冲区，在以后的调用中，只需要从缓冲区中执行二进制代码即可，从而提高系统的效率和性能。

5. 提高数据库的安全性和数据的完整性

使用存储过程可以完成所有的数据库操作，并且可以通过编程的方式控制数据库信息访问的权限。

二、创建存储过程

1. 使用图形图像方法创建存储过程

以创建存储过程 PRO_1 为例，介绍创建存储过程的方法，具体的操作步骤如下。

（1）右击"过程"节点，在弹出的快捷菜单中选择"新建过程"命令，如图 8-1 所示。

图 8-1 快捷菜单

（2）打开"创建过程"对话框，设置名称为 PRO_1，单击"添加参数"按钮，添加第一个参数，更改参数名称，在"模式"下拉列表中选择参数，包括未指定、IN、OUT 和 IN OUT，这里选择"未指定"选项（IN、OUT 和 IN OUT 这三个参数的具体用法将在下一小节中详细介绍），数据类型为 VARCHAR2，其他采用默认设置，如图 8-2 所示。可以继续添加参数，完成添加后单击"确定"按钮。

图 8-2 "创建过程"对话框

（3）创建并打开存储过程 PRO_1，如图 8-3 所示。通过更改代码来更改存储过程，完成后单击"保存"按钮，创建的过程显示在"过程"节点下，如图 8-4 所示。

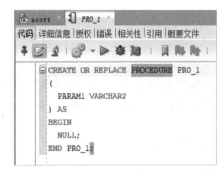

图 8-3 打开存储过程　　　　　　图 8-4 "过程"节点

2. 使用 SQL 创建存储过程

在 Oracle 中使用 CREATE PROCEDURE 语句创建存储过程,基本语法如下。

```
CREATE [OR REPLACE] PROCEDURE 过程名 [(参数)]
IS|AS
BEGIN
PL/SQL 语句
[EXCEPTION]
END;
```

 说明

- CREATE [OR REPLACE] PROCEDURE:创建或覆盖一个原有的存储过程。如果数据库中已经存在指定的过程名,则需要使用 OR REPLACE 关键字,新的存储过程将覆盖原来的存储过程。
- 参数:包括 IN、OUT 和 IN OUT。
- IS|AS:后面跟着的是在存储过程中使用的声明变量。在存储过程(PROCEDURE)和函数(FUNCTION)中,这两个关键字本质上没有区别;在视图中只能使用 AS 不能使用 IS,在游标中只能使用 IS 不能使用 AS。

案例——创建存储过程 PRO_COURSE

创建一个不带参数的存储过程,该存储过程实现向 TEACHER 表中插入一条记录的功能。在 scott 窗口中输入下列语句。

```
CREATE PROCEDURE pro_course
AS
BEGIN
  INSERT INTO course VALUES('8-168','大学语文','868');
  dbms_output.put_line('插入新记录成功! ') ;
END;
/
```

按 F5 键或单击"运行脚本"按钮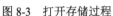,运行结果出现在脚本输出中,如图 8-5 所示。

图 8-5 创建存储过程 PRO_COURSE

三、调用存储过程

在 Oracle 中调用存储过程有三种方法。

1. 使用 BEGIN…END 语句

声明 DECLARE 关键字,基本语法如下。
```
DECLARE
BEGIN
  过程名;
END;
```
不声明 DECLARE 关键字,基本语法如下。
```
BEGIN
  过程名;
END;
```

2. 使用 CALL 命令

基本语法如下。
```
CALL 过程名();
```

 说明

在使用 CALL 命令调用存储过程时,必须要加括号。如果有参数,那么还要加参数值。使用这个方法在命令窗口中调用存储过程,将不会出现输入的数据。

3. 使用 EXECUTE 命令

基本语法如下。
```
EXECUTE 过程名();
```

 说明

在使用 EXECUTE 命令调用存储过程时,括号可加可不加。如果有参数则一定要加括号,参数的类型要与变量类型相同。

案例——调用存储过程 PRO_COURSE

使用 CALL 命令调用已经创建的存储过程 PRO_COURSE。在 scott 窗口中输入下列语句。
```
set serveroutput on
```

```
BEGIN
  pro_course;
END;
```

按 F5 键或单击"运行脚本"按钮，运行结果出现在脚本输出中，如图 8-6 所示。

图 8-6　调用存储过程 PRO_COURSE

四、存储过程的参数

在 Oracle 中，存储过程的参数有三种类型：IN、OUT 和 IN OUT。

1. IN 参数

IN 参数是输入类型的参数，表示这个参数值输入这个存储过程，供这个存储过程使用。

案例——创建一个带输入参数的存储过程并调用

创建一个带 IN 参数的存储过程，为指定的员工涨 200 元的工资，并打印涨工资前和涨工资后的工资。

（1）创建存储过程，在 scott 窗口中输入下列语句。

```
CREATE OR REPLACE PROCEDURE pro_salary(eno in number)
AS
  psal emp.sal%type;
BEGIN
  SELECT sal INTO psal FROM emp WHERE empno=eno;
  UPDATE emp SET sal=sal+200 WHERE empno=eno;
  dbms_output.put_line('涨前：'|| psal ||'涨后：'||(psal+200));
END;
/
```

按 F5 键或单击"运行脚本"按钮，运行结果出现在脚本输出中，如图 8-7 所示。

图 8-7　创建存储过程 PRO_SALARY

（2）调用存储过程，在 scott 窗口中输入下列语句。

```
set serveroutput on
DECLARE
BEGIN
```

```
    pro_salary(7900);
    pro_salary(7369);
END;
/
```

按 F5 键或单击 "运行脚本" 按钮，运行结果出现在脚本输出中，如图 8-8 所示。

图 8-8 调用存储过程 PRO_SALARY

2. OUT 参数

OUT 参数是输出类型的参数，表示这个参数在存储过程中被赋值，可以被传递至存储过程之外。

注意

必须通过变量调用 OUT 参数。

案例——创建带有输入和输出参数的存储过程并调用

创建一个带有 OUT 参数的存储过程，计算员工的工资在某一个部门中的排名。

（1）创建存储过程，在 scott 窗口中输入下列语句。

```
CREATE OR REPLACE PROCEDURE pro_salary_pm(
in_empno in number,
in_deptno in number,
out_pm out number)
IS
  is_sal number:=0;
  is_pm number:=0;
BEGIN
  SELECT sal INTO is_sal FROM emp
    WHERE empno=in_empno
    AND deptno=in_deptno;
SELECT COUNT(1) INTO is_pm FROM emp
    WHERE empno=in_empno
    AND sal>is_sal;
    out_pm:=is_pm+1;
EXCEPTION
  WHEN no_data_found THEN
  dbms_output.put_line('该员工的: '|| in_deptno ||'在表中找不到');
END;
/
```

按 F5 键或单击"运行脚本"按钮，运行结果出现在脚本输出中，如图 8-9 所示。

图 8-9　创建存储过程 PRO_SALARY_PM

（2）调用存储过程，对员工工资进行排名，在 scott 窗口中输入下列语句。

```
set serveroutput on
DECLARE
is_pm number;
BEGIN
  pro_salary_pm(7698,30,is_pm);
  dbms_output.put_line('工号：7698,部门号：30 的工资排名是'|| is_pm);
END;
/
```

按 F5 键或单击"运行脚本"按钮，运行结果出现在脚本输出中，如图 8-10 所示。

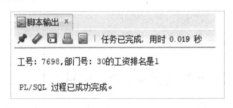

图 8-10　调用存储过程 PRO_SALARY_PM

3. IN OUT 参数

IN OUT 参数综合了 IN 参数和 OUT 参数，既向存储过程传递值，又在存储过程中被赋值，并可以传递给存储过程之外。

案例——创建带有 IN OUT 参数的存储过程并调用

创建一个带有 IN OUT 参数的存储过程，打印存储过程被调用前后的值。

（1）创建存储过程，在 scott 窗口中输入下列语句。

```
CREATE OR REPLACE PROCEDURE pro_sq(
num in out number,
flag in boolean
)
IS
  n number:=2;
BEGIN
  IF flag THEN
    num:=power(num,n);
  ELSE
    num:=sqrt(num);
  END IF;
```

```
END;
/
```
按 F5 键或单击"运行脚本"按钮，运行结果出现在脚本输出中，如图 8-11 所示。

图 8-11　创建存储过程 PRO_SQ

（2）调用存储过程，在 scott 窗口中输入下列语句。

```
set serveroutput on
DECLARE
v_num number;
v_temp number;
v_flag boolean;
BEGIN
  v_temp:=4;
  v_num:=v_temp;
  v_flag:=false;
  pro_sq(v_num,v_flag);
  IF v_flag THEN
    dbms_output.put_line(v_temp||'的平方是：'||v_num);
  ELSE
  dbms_output.put_line(v_temp||'的平方根是：'||v_num);
  END IF;
END;
/
```

按 F5 键或单击"运行脚本"按钮，运行结果出现在脚本输出中，如图 8-12 所示。

图 8-12　调用存储过程 PRO_SQ

五、删除存储过程

1. 使用 SQL 删除存储过程

使用 DROP PROCEDURE 语句删除存储过程。基本语法如下。

```
DROP PROCEDURE 过程名
```

例如，删除存储过程 PRO_1，在 scott 窗口中输入下列语句。

```
DROP PROCEDURE pro_1;
```

按 F5 键或单击"运行脚本"按钮，运行结果出现在脚本输出中，如图 8-13 所示。

2. 使用图形图像方法删除存储过程

（1）右击需要删除的存储过程，打开图 8-14 所示的快捷菜单，选择"删除"命令。

图 8-13　删除存储过程 PRO_1　　　　图 8-14　快捷菜单

（2）打开图 8-15 所示的"删除"对话框，询问是否删除此过程，单击"应用"按钮，打开图 8-16 所示的"确认"对话框，单击"确定"按钮，删除存储过程。

图 8-15　"删除"对话框　　　　图 8-16　"确认"对话框

任务二　函数

任务引入

小李在进行数据查询时用到了聚合函数，在 PL/SQL 编程时用到了 Oracle 数据库中的内部函数。那么，怎么才能通过 PL/SQL 创建函数呢？怎么调用函数？怎么删除函数？

知识准备

Oracle 是通过 PL/SQL 自定义编写并创建函数的。用户按照自己的需求通过 FUNCTION 关键字把复杂的业务逻辑封装进 PL/SQL 函数中，函数会提供一个返回值给用户。

一、创建函数

1. 使用图形图像方法创建函数

以创建函数 FUN_1 为例，介绍创建函数的方法，具体的操作步骤如下。

（1）右击"函数"节点，在弹出的快捷菜单中选择"新建函数"命令，如图 8-17 所示。

图 8-17 快捷菜单

（2）打开"创建函数"对话框，设置名称为 FUN_1，返回类型为 VARCHAR2，单击"添加参数"按钮，添加第一个参数，更改参数名称，在"模式"下拉列表中选择参数，包括未指定、IN、OUT 和 IN OUT，这里选择"IN"选项，数据类型为 VARCHAR2，其他采用默认设置，如图 8-18 所示。可以继续添加参数，完成添加后单击"确定"按钮。

图 8-18 "创建函数"对话框

（3）创建并打开函数 FUN_1，如图 8-19 所示。通过更改代码来更改函数，完成后单击"保存"按钮，创建的函数显示在"函数"节点下，如图 8-20 所示。

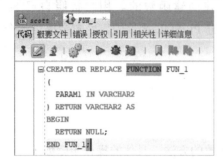

图 8-19　打开函数　　　　　　　　　图 8-20　"函数"节点

2. 使用 SQL 创建函数

在 Oracle 中使用 CREATE FUNCTION 语句创建函数，基本语法如下。

```
CREATE [OR REPLACE] FUNCTION 函数名 [（参数）]
RETURN 返回值类型
IS|AS
BEGIN
PL/SQL 语句
[EXCEPTION]
END[函数名];
```

说明

- CREATE [OR REPLACE] FUNCTION：创建或覆盖一个原有的函数。如果数据库中已经存在指定的函数名，则需要使用 OR REPLACE 关键字，用新的函数覆盖原来的函数。
- 参数：包括 IN、OUT 和 IN OUT。IN 参数表示输入给函数的参数，该参数只能用于传递值，不能被赋值；OUT 参数表示参数在函数中被赋值，可以传递给函数调用程序，该参数只能用于赋值，不能用于传递值；IN OUT 参数既可以用于传递值，也可以被赋值。
- IS|AS：后面跟着的是过程当中使用的声明变量。
- END[函数名]：结束函数的声明，也可以直接写 END，不加函数名。

案例——创建函数

创建一个函数，计算员工的工资在某一个部门中的排名。在 scott 窗口中输入下列语句。

```
CREATE OR REPLACE FUNCTION fun_salary_pm(
in_empno in number,
in_deptno in number
)
```

```
  return number
IS
  is_sal number:=0;
  is_pm number:=0;
BEGIN
  SELECT sal INTO is_sal FROM emp
    WHERE empno=in_empno
    AND deptno=in_deptno;
    SELECT COUNT(1) INTO is_pm FROM emp
    WHERE empno=in_empno
    AND sal>is_sal;
    is_pm:=is_pm+1;
    return is_pm;
EXCEPTION
  WHEN no_data_found THEN
    dbms_output.put_line('该员工的: '|| in_deptno ||'在表中找不到');
END;
/
```

按 F5 键或单击"运行脚本"按钮，运行结果出现在脚本输出中，如图 8-21 所示。

图 8-21 创建函数 FUN_SALARY_PM

二、调用函数

函数的调用方法和系统内置函数的调用方法相同，既可以直接在 SELECT 语句中调用，也可以在函数中调用。

由于函数有返回值，所以在调用函数时，必须使用一个变量来保存函数的返回值，这样，函数和这个变量就组成了一个赋值表达式。

案例——调用函数

调用函数，对员工 7698 在部门 30 中的工资进行排名，在 scott 窗口中输入下列语句。

```
set serveroutput on
DECLARE
is_pm number;
BEGIN
  is_pm:=fun_salary_pm(7698,30);
  dbms_output.put_line('工号: 7698,部门号: 30 的工资排名是'|| is_pm);
END;
/
```

按 F5 键或单击"运行脚本"按钮，运行结果出现在脚本输出中，如图 8-22 所示。

图 8-22　调用函数 FUN_SALARY_PM

三、删除函数

1. 使用 SQL 删除函数

使用 DROP FUNCTION 语句删除函数。基本语法如下。

```
DROP FUNCTION 函数名
```

例如，删除函数 FUN_1，在 scott 窗口中输入下列语句。

```
DROP FUNCTION fun_1;
```

按 F5 键或单击"运行脚本"按钮，运行结果出现在脚本输出中，如图 8-23 所示。

图 8-23　删除函数

2. 使用图形图像方法删除函数

（1）右击需要删除的函数，打开图 8-24 所示的快捷菜单，选择"删除"命令。

图 8-24　快捷菜单

（2）打开图 8-25 所示的"删除"对话框，询问是否删除此过程，单击"应用"按钮，打开图 8-26 所示的"确认"对话框，单击"确定"按钮，删除函数。

项目八 存储过程、函数和触发器

图 8-25 "删除"对话框

图 8-26 "确认"对话框

任务三 触发器

任务引入

小李想要系统在某一个事件发生时能自动隐式运行，查询资料后发现可以在程序中设置一个触发器来实现。那么，什么是触发器？怎么创建触发器？怎么删除触发器？

知识准备

一、触发器概述

触发器在数据库中以独立的对象存储，它与存储过程和函数不同的是：存储过程与函数需要用户显式地调用才能运行，而触发器由一个事件来启动运行，即触发器是当某个事件发生时自动地隐式运行的。触发器不能接收参数，因此运行触发器叫作触发或点火（firing）。

触发器能实现如下功能。

- 允许/限制对表的修改。
- 自动生成派生列，如自增字段。
- 强制性地实现数据一致性。
- 提供审计和日志记录。
- 防止无效的事务处理。
- 启用复杂的业务逻辑。

Oracle 支持的触发器分为以下 5 类。

（1）行级触发器：当 DML 语句对每一行数据进行操作时都会引起该触发器的运行。

（2）语句级触发器：无论 DML 语句影响多少行数据，其所引起的触发器仅运行一次。

（3）替换触发器：该触发器是定义在视图上的，而不是定义在表上。它是用来替换所使用的实际语句的触发器。

（4）用户事件触发器：是指与 DDL 操作或用户登录、退出数据库等事件相关的触发器。例如，用户登录到数据库或使用 ALTER 语句修改表结构等。

（5）系统事件触发器：是指在 Oracle 数据库系统的事件中被触发的触发器。

触发器由以下几部分组成。

（1）触发事件：引起触发器的事件，如 DML 语句（INSERT，UPDATE，UPDATE，DELETE 语句对表和视图执行数据处理操作）、DDL 语句（CREATE、ALTER、DROP 语句在数据库中创建、修改、删除对象）、数据库系统事件（如系统启动或退出、异常错误）、用户事件（如登录或退出数据库）。

（2）触发时间：触发器是在触发事件发生之前（BEFORE）还是之后（AFTER）被触发。

（3）触发操作：触发器被触发之后的目的和意图，如 PL/SQL 块。

（4）触发对象：包括表、视图、模式和数据库。只有在这些对象上发生了符合触发条件的触发事件，才会执行触发操作。

（5）触发条件：由 WHEN 子句指定的一个逻辑表达式。只有当该表达式的值为 TRUE 时，遇到触发事件才会自动执行触发器。

（6）触发频率：说明触发器内定义的操作被执行的次数。

二、创建触发器

1. 使用图形图像方法创建触发器

以创建触发器 TIG_1 为例，介绍创建触发器的方法，具体的操作步骤如下。

（1）右击"触发器"节点，在弹出的快捷菜单中选择"新建触发器"命令，如图 8-27 所示。

图 8-27　快捷菜单

（2）打开"创建触发器"对话框，设置名称为 TIG_1，在"基本类型"下拉列表中选择基本类型，包括 TABLE（表）、VIEW（视图）、SCHEMA（用户）和 DATABASE（数据库），在"基准对象方案"下拉列表中选择用户，在"基准对象"下拉列表中选择数据表（如 DEPT），在"计时"下拉列表中选择"BEFORE"或"AFTER"选项，在"可用事件"列表框中选择事件（如 INSERT），单击"添加"按钮，将其添加到"所选事件"列表框中，其他采用默认设置，如图 8-28 所示，单击"确定"按钮。

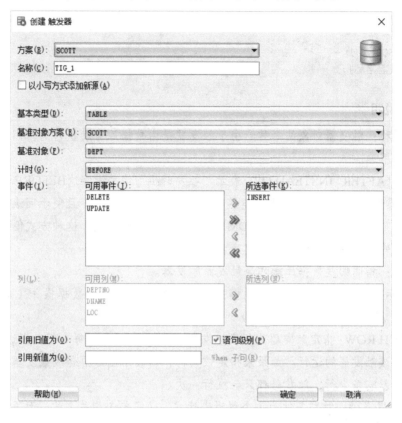

图 8-28 "创建触发器"对话框

（3）打开触发器 TIG_1，如图 8-29 所示。通过更改代码来更改触发器，完成后单击"保存"按钮，创建的触发器显示在"触发器"节点下，如图 8-30 所示。

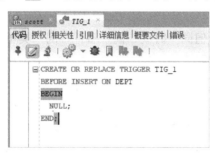

图 8-29 打开触发器 TIG_1

图 8-30 "触发器"节点

2. 使用 SQL 创建触发器

创建触发器的基本语法如下。

```
CREATE [OR REPLACE] TRIGGER 触发器名称
[BEFORE | AFTER |INSTEAD OF]触发事件
ON[表名|视图名|用户名|数据库名]
```

```
    [FOR EACH ROW ]
    [WHEN  触发条件]
    [DECLARE]
        [变量声明;]
    BEGIN
        PL/SQL 语句;
    END[触发器名称];
```

说明

- 触发器名称：触发器对象的名称。由于触发器是由数据库自动执行的，因此该名称没有实质的用途。
- BEFORE | AFTER | INSTEAD OF：表示"触发时机"的关键字。BEFORE 表示在执行 DML 等操作之前触发，这种方式能够防止发生某些错误操作，且便于回滚或是实现某些业务规则；AFTER 表示在执行 DML 等操作发生之后触发，这种方式便于记录该操作或事后处理信息；INSTEAD OF 表示触发器为替代触发器。
- 触发事件：指明哪些数据库操作会触发此触发器。
- ON：表示对数据表、视图、用户模式和数据库等执行某种数据操作（如对表执行 INSERT、ALTER、DROP 等操作）时，会引起触发器的运行。
- FOR EACH ROW：指定触发器为行级触发器，当 DML 语句对每一行数据进行操作时，都会引起该触发器的运行。如果未指定该条件，则表示创建语句级触发器，这时无论数据操作影响多少行，触发器都只会执行一次。
- WHEN 触发条件：触发条件为一个逻辑表达式，必须包含相关名称，而不能包含查询语句，也不能调用 PL/SQL 函数。WHEN 指定的触发条件只能用在 BEFORE 和 AFTER 行级触发器中，不能用在 INSTEAD OF 行级触发器和其他类型的触发器中。

编写触发器时，需要注意以下几点。

（1）触发器不接收参数。

（2）一个表上最多可以有 12 个触发器，但同一时间、同一事件、同一类型的触发器只能有一个，并且各个触发器之间不能有矛盾。

（3）一个表上的触发器越多，对在该表上的 DML 操作的性能影响就越大。

（4）触发器的执行部分只能使用 DML 语句（SELECT、INSERT、UPDATE、DELETE），不能使用 DDL 语句（CREATE、ALTER、DROP）。

（5）触发器中不能包含事务控制语句（COMMIT、ROLLBACK、SAVEPOINT）。因为触发器是触发语句的一部分，所以在触发语句被提交、回退时，触发器也被提交、回退了。

（6）在触发器主体中调用的任何过程、函数，都不能使用事务控制语句。

（7）在触发器主体中不能声明任何 LONG 和 BLOB 变量，新值和旧值也不能在表的 LONG 和 BLOB 列中。

（一）创建语句级触发器

语句级触发器是针对一条DML语句而被引起执行的。在语句级触发器中不使用FOR EACH ROW 子句，即无论数据操作影响多少行，触发器都只会运行一次。

案例——创建触发器，计算每个部门的总人数和总工资

（1）创建映射表，在 scott 窗口中输入下列语句。

```
CREATE TABLE dept1
AS
SELECT deptno,COUNT(empno)t_emp,SUM(sal)t_sal
FROM emp
GROUP BY deptno;
```

按 F5 键或单击"运行脚本"按钮，运行结果出现在脚本输出中，如图 8-31 所示。

图 8-31　创建映射表

（2）创建触发器，在 scott 窗口中输入下列语句。

```
CREATE OR REPLACE TRIGGER tig_emp
   AFTER INSERT OR UPDATE OR DELETE ON emp
DECLARE
CURSOR cur_emp IS
   SELECT deptno,COUNT(empno)t_emp,SUM(sal)t_sal FROM emp GROUP BY deptno;
BEGIN
   DELETE dept1;
   FOR v_emp IN cur_emp LOOP
     INSERT INTO dept1
     VALUES(v_emp.deptno,v_emp.t_emp,v_emp.t_sal);
   END LOOP;
END;
```

按 F5 键或单击"运行脚本"按钮，运行结果出现在脚本输出中，如图 8-32 所示。

图 8-32　创建触发器 TIG_EMP

（3）运行触发器，在 scott 窗口中输入下列语句。

```
INSERT INTO emp (empno,deptno,sal) VALUES('7548','20',1300);
SELECT * FROM dept1;
DELETE emp WHERE empno=7548;
```

```
SELECT * FROM dept1;
```
按 Ctrl+Enter 组合键或单击"运行语句"按钮▶，运行结果如图 8-33 所示。

图 8-33　运行触发器 TIG_EMP

（二）创建行级触发器

行级触发器会针对 DML 操作所影响的每一行数据都执行一次。在创建这种触发器时，必须在语法中使用 FOR EACH ROW 子句。

案例——创建触发器，在删除记录时删除表

创建一个行级触发器，当 EMP 表中被删除一条记录时，把被删除的记录写到职工表的删除日志表中去。

（1）创建表，在 scott 窗口中输入下列语句。
```
CREATE TABLE emp1
AS
SELECT * FROM emp
WHERE 1=2;
```
按 F5 键或单击"运行脚本"按钮，运行结果出现在脚本输出中，如图 8-34 所示。

图 8-34　创建表

（2）创建触发器，在 scott 窗口中输入下列语句。
```
CREATE OR REPLACE TRIGGER tig_emp_del
    BEFORE DELETE ON emp
    FOR EACH ROW
BEGIN
  INSERT INTO emp1(deptno,empno,ename,job,mgr,sal,comm,hiredate)
    VALUES(:old.deptno, :old.empno, :old.ename, :old.job, :old.mgr, :old.sal, :old.comm, :old.hiredate);
END;
```
按 F5 键或单击"运行脚本"按钮，运行结果出现在脚本输出中，如图 8-35 所示。

图 8-35　创建触发器 TIG_EMP_DEL

（3）运行触发器，在 scott 窗口中输入下列语句。
```
DELETE emp WHERE empno=7900;
DROP TABLE emp1;
```
按 Ctrl+Enter 组合键或单击"运行语句"按钮▶，运行结果出现在脚本输出中，如图 8-36 所示。

图 8-36　运行触发器 TIG_EMP_DEL

（三）创建替换触发器

替换触发器的"触发时机"关键字是 INSTEAD OF，而不是 BEFORE 或 AFTER。与其他类型的触发器不同的是，替换触发器是定义在视图上的，而不是定义在表上的。由于视图是由多个基表连接组成的逻辑结构，因此一般不允许用户对其进行 DML 操作（如 INSERT、UPDATE、DELETE 等操作）。当用户为视图编写"替换触发器"后，用户对视图的 DML 操作实际上就变成了执行触发器中的 PL/SQL 语句块，这样就可以通过在"替换触发器"中编写对应的代码对视图的各个基表进行操作了。

案例——创建触发器，使用视图插入数据

（1）创建表，在 scott 窗口中输入下列语句。
```
CREATE TABLE test1(
    id number(2) NOT NULL PRIMARY KEY,
    name varchar2(20) NOT NULL,
    age char(2)
);
CREATE TABLE test2(
    id number(2) NOT NULL,
    tel char(15) NOT NULL,
    adr varchar2(30)
);
```
按 F5 键或单击"运行脚本"按钮，运行结果出现在脚本输出中，如图 8-37 所示。

（2）给表添加数据，在 scott 窗口中输入下列语句。
```
INSERT INTO test1 VALUES(01,'小白','25');
INSERT INTO test1 VALUES(02,'小红','22');
INSERT INTO test2 VALUES(01,'15999999999','北京');
```

```
INSERT INTO test2 VALUES(02,'15888888888','上海');
```

按 F5 键或单击"运行脚本"按钮，运行结果出现在脚本输出中，如图 8-38 所示。

图 8-37　创建表　　　　　　　　　图 8-38　给表添加数据

（3）创建视图，在 scott 窗口中输入下列语句。

```
CREATE VIEW v_test
AS
SELECT test1.id,name,tel,adr FROM test1,test2
WHERE test1.id=test2.id;
```

按 F5 键或单击"运行脚本"按钮，运行结果出现在脚本输出中，如图 8-39 所示。

（4）创建触发器，在 scott 窗口中输入下列语句。

```
CREATE OR REPLACE TRIGGER tig_test1
  INSTEAD OF INSERT ON v_test
BEGIN
  INSERT INTO test1(id,name)VALUES(:new.id,:new.name);
  INSERT INTO test2(tel,adr)VALUES(:new.tel,:new.adr);
END;
/
```

按 F5 键或单击"运行脚本"按钮，运行结果出现在脚本输出中，如图 8-40 所示。

 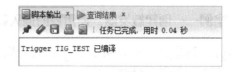

图 8-39　创建视图　　　　　　　　图 8-40　创建触发器 TIG_TEST

（5）运行触发器，在 scott 窗口中输入下列语句。

```
INSERT INTO v_test VALUES(03,'小明','15666666666','天津');
SELECT * FROM test1;
```

按 Ctrl+Enter 组合键或单击"运行语句"按钮，运行结果出现在脚本输出中，如图 8-41 所示。

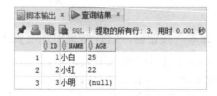

图 8-41　运行触发器 TIG_TEST

（四）创建用户事件触发器

用户事件触发器是由于进行 DDL 操作或用户登录、退出等操作而引起的触发器。引起该类型触发器运行的常见用户事件包括：CREATE、ALTER、DROP、ANALYZE、COMMENT、GRANT、REVOKE、RENAME、TRUNCATE、SUSPEND、LOGON 和 LOGOFF 等。

（五）创建系统事件触发器

系统事件触发器可以在 DDL 或数据库系统上被触发。DDL 指的是数据定义语言，如 CREATE、ALTER、DROP 等。数据库系统事件包括数据库服务器的启动与关闭，用户的登录与退出、数据库服务错误等。

三、删除触发器

1. 使用 SQL 删除触发器

使用 DROP TRIGGER 语句删除触发器。基本语法如下。
```
DROP TRIGGER 触发器名称
```
例如，删除触发器 TIG_1，在 scott 窗口中输入下列语句。
```
DROP TRIGGER tig_1;
```
按 F5 键或单击"运行脚本"按钮，运行结果出现在脚本输出中，如图 8-42 所示。

2. 使用图形图像方法删除触发器

（1）右击需要删除的触发器，打开图 8-43 所示的快捷菜单，选择"删除触发器"命令。

图 8-42　删除触发器　　　　　　　　　　图 8-43　快捷菜单

（2）打开图 8-44 所示的"删除触发器"对话框，询问是否删除此触发器，单击"应用"按钮，打开图 8-45 所示"确认"对话框，单击"确定"按钮，删除触发器。

图 8-44 "删除触发器"对话框

图 8-45 "确认"对话框

项目总结

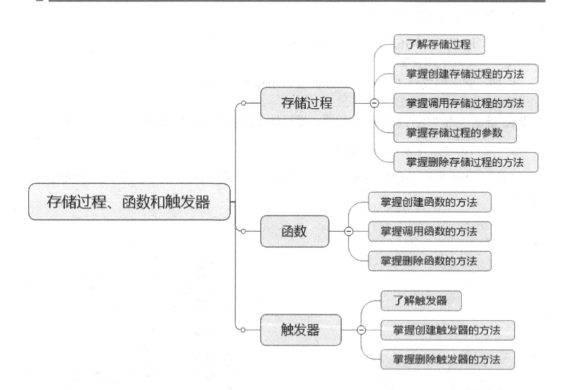

项目实战

实战一 创建存储过程并调用

创建一个带 IN 参数的存储过程,为指定的学生降 5 分,并打印降分前和降分后的分数。

（1）创建存储过程，在 scott 窗口中输入下列语句。

```
CREATE OR REPLACE PROCEDURE pro_score(no in number)
AS
  pdegree score.degree%type;
BEGIN
  SELECT degree INTO pdegree FROM score WHERE sno=no;
  UPDATE score SET degree=degree-5 WHERE sno=no;
  dbms_output.put_line('降分前：'|| pdegree ||'降分后：'||( pdegree-5));
END;
/
```

按 F5 键或单击"运行脚本"按钮，运行结果出现在脚本输出中，如图 8-46 所示。

图 8-46　创建存储过程 PRO_SCORE

（2）调用存储过程，在 scott 窗口中输入下列语句。

```
set serveroutput on
DECLARE
BEGIN
  pro_score(105);
  pro_score(101);
END;
/
```

按 F5 键或单击"运行脚本"按钮，运行结果出现在脚本输出中，如图 8-47 所示。

图 8-47　调用存储过程 PRO_SCORE

实战二　创建函数并调用

（1）创建一个函数，计算学生在某一个课程中的分数排名。在 scott 窗口中输入下列语句。

```
CREATE OR REPLACE FUNCTION fun_score_pm(
in_sno in number,
in_cno in char
)
```

```
 return number
IS
  is_degree number:=0;
  is_pm number:=0;
BEGIN
  SELECT degree INTO is_degree FROM score
   WHERE sno=in_sno
   AND cno=in_cno;
  SELECT COUNT(1) INTO is_pm FROM score
    WHERE sno=in_sno
    AND degree>is_degree;
    is_pm:=is_pm+1;
    return is_pm;
EXCEPTION
  WHEN no_data_found THEN
    dbms_output.put_line('该学生的: '|| in_sno ||'在表中找不到');
END;
/
```

按 F5 键或单击"运行脚本"按钮，运行结果出现在脚本输出中，如图 8-48 所示。

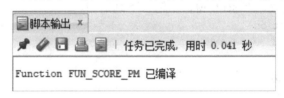

图 8-48　创建函数 FUN_SCORE_PM

（2）调用函数，对学生 109 在课程 3-245 中的分数进行排名，在 scott 窗口中输入下列语句。

```
set serveroutput on
DECLARE
is_pm number;
BEGIN
  is_pm:=fun_score_pm(109,'3-245');
  dbms_output.put_line('学号: 109,课程号: 3-245 的分数排名是'|| is_pm);
END;
/
```

按 F5 键或单击"运行脚本"按钮，运行结果出现在脚本输出中，如图 8-49 所示。

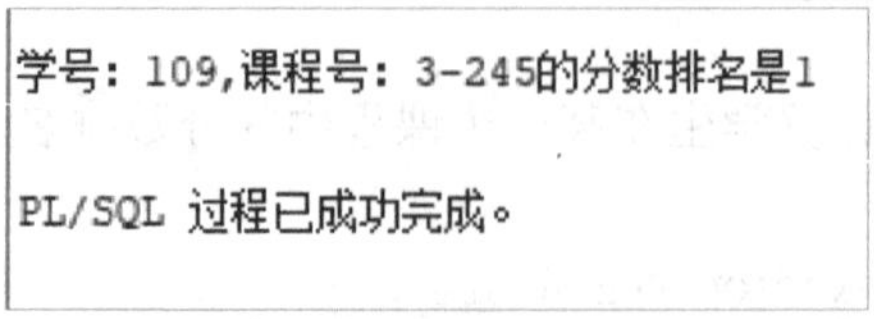

学号: 109,课程号: 3-245的分数排名是1

PL/SQL 过程已成功完成。

图 8-49　调用函数 FUN_SCORE_PM

项目九

数据的安全管理

小知识——关于党的二十大

党的二十大重点内容复习 之三
——我们坚持马克思列宁主义、毛泽东思想、邓小平理论、"三个代表"重要思想、科学发展观,全面贯彻新时代中国特色社会主义思想。

素养目标

➢ 培养解决问题的能力,关注细节。
➢ 培养安全意识,在保存素材时要注意安全性。

技能目标

➢ 能够创建用户、修改用户及删除用户。
➢ 能够对用户授予权限和回收权限。
➢ 能够创建角色、修改角色和删除角色。
➢ 能够导入和导出数据。

项目导读

在数据库管理系统中,需要使用检查口令等手段检查用户身份,只有合法的用户才能进入数据库管理系统。

在 Oracle 中,可以使用数据的导出与导入实现数据的备份和恢复,还可以使用表空间转移,将一个数据库的表空间转移到另一个数据库中。

任务一　表空间

任务引入

小李在 Oracle 数据库中创建应用系统时，一直在想创建的数据文件都保存到哪里了，查询资料后发现，数据文件都保存在了表空间中。那么，怎么创建表空间？如果删除自己创建的表空间，会影响数据库的正常运作吗？

知识准备

一、表空间概述

Oracle 数据库能够有一个或多个表空间，一个表空间对应一个或多个物理的数据库文件。表空间是 Oracle 数据库恢复数据的最小单位，容纳着许多数据库实体，如表、视图、索引、聚簇、回退段和临时段等。

每个 Oracle 数据库都有 SYSTEM 表空间，这是数据库创建时自动创建的。一个小型应用的 Oracle 数据库通常只有一个 SYSTEM 表空间，然而一个稍大的应用型 Oracle 数据库可以有多个表空间。表空间是一个虚拟的概念，可以无限大，但是需要有数据文件作为载体。

从逻辑的角度来看，一个数据库可以分为多个表空间；一个表空间又可以分为多个段；一个数据表要占一个段，一个索引也要占一个段；一个段由多个区间组成，一个区间又由一组连续的数据块组成。

（1）段：段是占用数据文件空间的统称，或数据库对象使用的空间的集合，包括表段、索引段、回滚段、临时段和高速缓存段等。

（2）区间：分配给对象（如表）的任何连续的块都叫作区间。区间也叫作扩展，当它用完已经分配的区间后，再有新的记录插入就必须再分配新的区间（扩展一些块）；一旦区间被分配给某个对象（如表、索引及簇），该区间就不能再分配给其他的对象。

表空间包括系统表空间、辅助表空间、撤销表空间、用户表空间和临时表空间。

（1）SYSTEM（系统）表空间：用于存放 Oracle 系统内部的表和数据字典的数据，如表名、列名、用户名等。Oracle 本身不支持将用户创建的表、索引等放在系统表空间中。表空间中的数据文件个数不是固定不变的，可以根据需要向表空间中追加新的数据文件。

（2）SYSAUX（辅助）表空间：SYSAUX 表空间是随着数据库的创建而创建的，它充当了 SYSTEM 表空间的辅助表空间，降低了 SYSTEM 表空间的负荷，主要用于存储除数据字典外的其他数据对象。它一般不存储用户的数据，由 Oracle 系统内部自动维护。

(3) UNDO（撤销）表空间：用于保存事务所修改数据的旧值，可以进行数据的回滚。当用户对数据表进行修改操作（插入、更新、删除等操作）时，Oracle 系统会自动使用撤销表空间来临时存放修改前的旧数据。当所做的修改操作完成并执行提交命令后，Oracle 会根据系统设置的保留时长来决定何时释放撤销表空间的部分空间。

(4) USERS（用户）表空间：是 Oracle 建议用户使用的表空间。用户可以在这个表空间中创建各种数据对象，如表、索引、用户等。用户 SCOTT 的对象就存放在 USERS 表空间中。

(5) TEMP（临时）表空间：主要用于存储 Oracle 数据库在运行期间产生的临时数据。数据库可以建立多个临时表空间。当数据库被关闭后，临时表空间中的所有数据都将被清除。

除了 Oracle 系统默认创建的表空间，用户还可以根据应用系统的实际情况及其所要存放的对象类型创建多个自定义的表空间，以区分用户数据与系统数据。此外，不同应用系统的数据应存放在不同的表空间上，而不同的表空间的文件应存放在不同的磁盘上，从而减少 I/O 冲突，提高应用系统的操作性能。

表空间能帮助 DBA 用户完成以下工作。

- 决定数据库实体的空间分配。
- 设置数据库用户的空间份额。
- 控制数据库部分数据的可用性。
- 将数据分布在不同的设备上以提高性能。
- 备份和恢复数据。

二、查看表空间

只有 SYSTEM 和 SYS 用户才能对表空间进行操作，因此需要先连接 test 数据库。

案例——查看表空间

在 test 窗口中输入下列语句。

```
SELECT * FROM v$tablespace;
```

按 F5 键或单击"运行脚本"按钮，运行结果出现在脚本输出中，如图 9-1 所示。

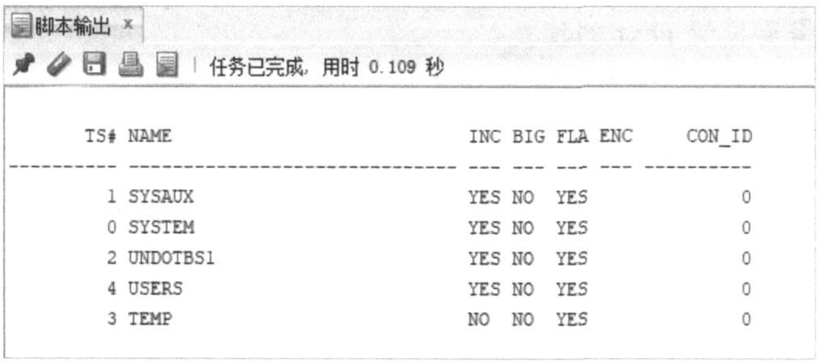

图 9-1 查看表空间

案例——查看详细的数据文件

在 test 窗口中输入下列语句。

```
SELECT file_name,tablespace_name FROM dba_data_files;
```

按 F5 键或单击"运行脚本"按钮■，运行结果出现在脚本输出中，如图 9-2 所示。

图 9-2　查看详细的数据文件

三、创建表空间

创建表空间的基本语法如下。

```
CREATE [SMALLFILE/BIGFILE] TABLESPACE 表空间名
DATAFILE '/path/filename' size num[k/m] reuse
        [autoextend [on|off] next num[k/m]
        [maxsize [unlimited | num[k/m]]]
        [minium extent num[k/m]]
        [default storage storage]
        [online | offline]
        [logging | nologging]
        [permanent | temporary]
        [extent management dictionary | local [autoallocate | uniform [size num[k/m]]]]
```

 说明

- DATAFILE：用于指定表空间所对应的数据文件。
- size：用于指定数据文件的大小。
- autoextend [on | off] next：数据文件为自动扩展（ON）或非自动扩展（OFF）。如果是自动扩展，则需要设置 next 的值。
- next：用于指定为数据库对象分配的第二个区的大小。
- maxsize[unlimited]：当数据文件为自动扩展时，用于指定允许数据文件扩展的最大长度的字节数。如果指定 unlimited，则分配给数据文件的磁盘空间没有限制，不需要指定最大长度。
- minium extent：用于指定为数据库对象所分配的最少的区的个数。
- online | offline：online 为默认设置，在创建表空间后，使被授权访问该表空间的用户可以立即使用该表空间，而 offline 则表示在创建表空间后该表空间不可用。

- logging|nologging：指定该表空间内的表在加载数据时是否产生日志。
- permanent | temporary：permanent 为默认设置，指定的表空间用于保存永久对象；temporary 指定的表空间用于保存临时对象。
- extent management dictionary：指定表空间内的管理方式为字典管理方式。
- uniform：指定使用以 size 参数指定的字节数的统一区域来管理空间，默认的大小为 1MB。

案例——创建临时表空间

在 test 窗口中输入下列语句。

```
CREATE TEMPORARY TABLESPACE temp_test
TEMPFILE 'D:\oracle\oradata\ temp_test.dbf'
size 50m
autoextend on
extent management local;
```

按 F5 键或单击"运行脚本"按钮，运行结果出现在脚本输出中，如图 9-3 所示。

图 9-3　创建临时表空间

案例——创建数据表空间

在 test 窗口中输入下列语句。

```
CREATE TABLESPACE data_test
logging
DATAFILE 'D:\oracle\oradata\data_test.dbf'
size 50m
autoextend on
extent management local;
```

按 F5 键或单击"运行脚本"按钮，运行结果出现在脚本输出中，如图 9-4 所示。

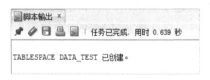

图 9-4　创建数据表空间

四、修改表空间

使用 ALTER DATABASE 语句既可以为表空间增加数据文件，又可以调整数据文件的大小。

案例——修改表空间的大小

在 test 窗口中输入下列语句。

```
ALTER DATABASE
DATAFILE ''D:\oracle\oradata\data_test.dbf '
resize 10240m;
```

按 F5 键或单击"运行脚本"按钮，运行结果出现在脚本输出中，如图 9-5 所示。

图 9-5　修改表空间的大小

五、删除表空间

在删除数据文件时，不能删除表空间中的第一个数据文件，如果要删除就需要删除整个表空间。

```
DROP TABLESPACE 表空间名 [including contents];
```

 说明

including contents：表示删除表空间和 datafile 数据文件。不加该语句则不删除相关数据文件。

任务二　用户和权限

任务引入

小李经过这一段时间的学习，终于建成一个达到自己要求的数据库系统。为了防止别人访问或修改数据库，他创建了一个用户名和密码并设置了用户权限。那么，怎么创建用户？怎么对用户授予权限？怎么增加或回收用户权限？

知识准备

一、用户

Oracle 内部有两个创建完成的用户：SYSTEM 和 SYS。因为 SYSTEM 具有创建其他用户的权限，所以用户可以直接登录到 SYSTEM 上以创建其他用户。

1. 创建用户

在 Oracle 数据库中创建用户（密码验证用户），可以使用 CREATE USER 命令。

```
CREATE USER 用户 IDENTIFIED BY 口令
OR IDENTIFIED EXETERNALLY
OR IDENTIFIED GLOBALLY AS 'CN=user'
[DEFAULT TABLESPACE 表空间]
[TEMPORARY TABLESPACE 临时表空间]
[QUOTA [integer K[M] ] [UNLIMITED] ] ON 表空间[,QUOTA [integer K[M] ] [UNLIMITED] ] ON 表空间
[PROFILES 资源文件的名称]
[PASSWORD EXPIRE]
[ACCOUNT LOCK or ACCOUNT UNLOCK]
```

说明

- **IDENTIFIED EXETERNALLY**：表示用户名由操作系统验证，该用户名必须与操作系统中定义的用户名相同。
- **IDENTIFIED GLOBALLY AS 'CN=user'**：表示用户名由 Oracle 安全域中心服务器验证，CN 表示用户的外部名。
- **[QUOTA [integer K[M]] [UNLIMITED]] ON 表空间**：用户可以使用的表空间的字节数。
- **[PASSWORD EXPIRE]**：立即将口令设成过期状态，用户再次登录时必须修改口令。
- **[ACCOUNT LOCK or ACCOUNT UNLOCK]**：用户是否被加锁。默认情况下是不加锁的。

2. 修改用户

在 Oracle 中修改用户的基本语法如下。

```
ALTER USER 用户 IDENTIFIED BY 口令;
```

在给其他用户修改密码时，需要拥有 DBA 的权限或 ALTER USER 的系统权限。

除了 ALTER USER 命令，用户还可以使用 PASSWORD 命令。如果使用 PASSWORD 命令，那么用户输入的新口令将不在屏幕上显示。

3. 删除用户

使用 DROP USER 命令删除用户的基本语法如下。

```
DROP USER 用户;
```

如果用户拥有对象，则不能直接删除，否则将返回一个错误值。指定关键字 CASCADE，可以删除用户的所有对象，然后再删除用户。

二、权限

权限管理是 Oracle 系统的精华，不同的用户登录到同一数据库中，可能看到不同数量的表，拥有不同的权限。Oracle 的权限分为系统权限和数据对象权限。

权限允许用户访问其他用户的对象或执行程序，Oracle 系统提供三种权限：Object 对

象级、System 系统级、Role 角色级。

系统权限包括 DBA、RESOURCE 和 CONNECT。

- DBA：拥有全部特权，是系统的最高权限，只有 DBA 才可以创建数据库结构。
- RESOURCE：拥有 RESOURCE 权限的用户，只可以创建实体，不可以创建数据库结构。
- CONNECT：拥有 CONNECT 权限的用户，只可以登录 Oracle，不可以创建实体，也不可以创建数据库结构。

1. 授予权限

对创建的用户授予权限，基本语法如下。

```
GRANT CREATE SESSION,CREATE TABLE TO 用户名;
```

2. 显示权限

查看所有的系统权限，基本语法如下。

```
SELECT * FROM system_privilege_map;
```

显示用户具有的系统权限，基本语法如下。

```
SELECT * FROM dba_sys_privs;
```

显示当前用户具有的系统权限，基本语法如下。

```
SELECT * FROM user_sys_privs;
```

显示当前会话具有的系统权限，基本语法如下。

```
SELECT * FROM session_privs;
```

3. 回收权限

权限可以被授予，也可以用同样的方式被回收。

```
REVOKE CREATE TABLE FROM 用户名;
```

一个具有 DBA 角色的用户可以回收任何其他用户的权限，甚至可以回收另一个 DBA 的 CONNECT、RESOURCE 和其他权限，当然，这样是很危险的。因此，除非是真正的需要，DBA 权限不应随便授予一般用户。回收一个用户的所有权限，并不意味着从 Oracle 中删除了这个用户，也不会破坏该用户创建的任何表，只是禁止其对表的访问。

三、角色

对管理权限而言，角色是一个工具。权限能够被授予给一个角色，角色也能够被授予给另一个角色或用户。

角色是一组相关权限的集合，使用角色最主要的目的是简化权限管理。

Oracle 为了兼容以前的版本，提供了三种标准的角色（Role）：CONNECT、RESOURCE 和 DBA。

1）CONNECT Role（连接角色）

CONNECT Role 是使用 Oracle 的简单权限，包括 SELECT、INSERT、UPDATE 和 DELETE 等。拥有 CONNECT Role 的用户还能够创建表、视图、序列、簇（cluster）、同

义词、会话（session）和与其他数据库的链（link）。

2）RESOURCE Role（资源角色）

RESOURCE Role 提供给用户另外的权限以创建属于自己的表、序列、过程、触发器、索引和簇（cluster）。

3）DBA Role（数据库管理员角色）

DBA Role 拥有所有的系统权限——包括无限制的空间和给其他用户授予各种权限的能力。SYSTEM 由 DBA 用户拥有。

1. 创建角色

用户可以在 Oracle 中创建自己的角色，创建的角色可以由表或系统权限或两者的组合构成。但是，用户必须具有创建角色的系统权限。

创建角色的基本语法如下。

```
CREATE ROLE 角色名称
```

一旦创建了一个 Role，用户就可以给他授权。给 Role 授权的 GRANT 命令的语法与给用户授权的语法相同。

2. 修改角色

修改角色的基本语法如下。

```
ALTER ROLE 角色名称 NOT IDENTIFIED;
```

3. 显示角色

显示当前用户具有的角色，基本语法如下。

```
SELECT * FROM user_role_privs;
SELECT * FROM session_ privs;
```

4. 删除角色

使用 DROP ROLE 命令删除角色，基本语法如下。

```
DROP ROLE 角色名称;
```

指定的角色连同与之相关的权限将从数据库中被全部删除。

任务三　数据导入和导出

任务引入

小李在 Oracle 数据库中添加数据时发现，如果要建立一个大型的数据库应用系统，面对的数据有成百上千条，如果一条一条地输入，则非常浪费时间。那么，怎么把 Excel 或 Text 文件中已经存在的数据导入到 Oracle 数据库中呢？

知识准备

一、导出数据

（1）选择"工具"→"数据库导出"命令，打开"源/目标"对话框，如图9-6所示。在"连接"下拉列表中选择"scott"选项，勾选"导出 DDL"复选框，取消勾选"导出数据"复选框，在"另存为"下拉列表中选择"单个文件"选项，设置编码为 GBK。

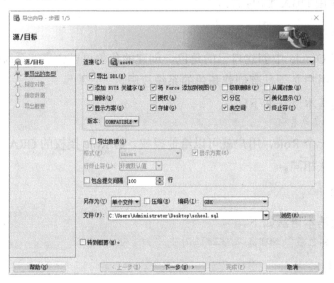

图9-6 "源/目标"对话框

（2）单击"浏览"按钮，打开图 9-7 所示"保存"对话框，设置保存路径，设置文件名为 school.sql，单击"保存"按钮，返回"导出向导-步骤 1/5"对话框。

图9-7 "保存"对话框

（3）单击"下一步"按钮，打开图 9-8 所示"要导出的类型"对话框，选择要导出的对象类型。

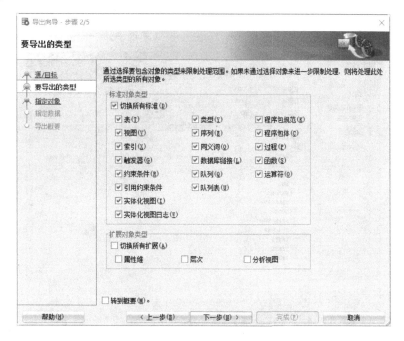

图 9-8 "要导出的类型"对话框

（4）单击"下一步"按钮，打开"指定对象"对话框，单击"更多"按钮，展开对话框，在"方案"下拉列表中选择"SCOTT"选项，在"类型"下拉列表中选择"TABLE"选项为数据库对象的类型，如图 9-9 所示。

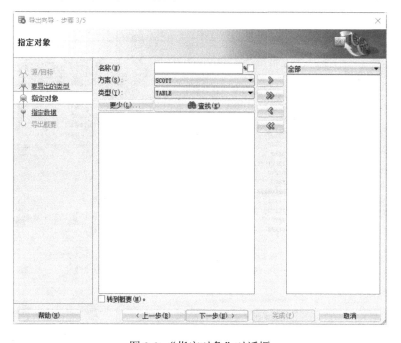

图 9-9 "指定对象"对话框

Oracle 数据库基础与应用

单击"查找"按钮 查找(K)，在列表框中可以看到 SCOTT 模式中的所有数据表，如图 9-10 所示。

图 9-10　SCOTT 模式中的所有数据表

如果要导出单个表，选择该表，单击 按钮，该表将会显示在右侧的列表框中。如果要导出所有表，单击 按钮，所有的数据表将会显示在右侧的列表框中。这里选择"STUDENT"表、"COURSE"表、"SCORE"表和"TEACHER"表，将其添加到右侧的列表框中，如图 9-11 所示。

图 9-11　添加表

项目九　数据的安全管理

（5）单击"下一步"按钮，打开"导出概要"对话框，在列表框中会显示要导出的数据参数，如图 9-12 所示，单击"完成"按钮，打开图 9-13 所示的导出数据的对话框。导出的数据文件显示在指定位置中。

图 9-12　"导出概要"对话框

图 9-13　导出数据的对话框

二、导入数据

下面以导入 Excel 数据为例，介绍导入数据的方法，具体的操作步骤如下。

（1）在 Excel 软件中输入数据，如图 9-14 所示。

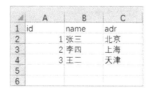

图 9-14　输入数据

（2）在 Excel 软件中单击"保存"按钮，打开"另存为"对话框，设置保存路径，在"保存类型"下拉列表中选择"CSV(逗号分隔)"选项，设置名称为 test，如图 9-15 所示,单击"保存"按钮,保存文件。

图 9-15 "另存为"对话框

(3)打开 SQL Developer 管理工具,展开"SCOTT"节点,右击"表"节点,在弹出的快捷菜单中选择"创建表"命令,打开"创建表"对话框,设置名称为 TEST,单击"添加列"按钮➕,输入列名和数据类型,如图 9-16 所示,单击"确定"按钮,创建 TEST 表。

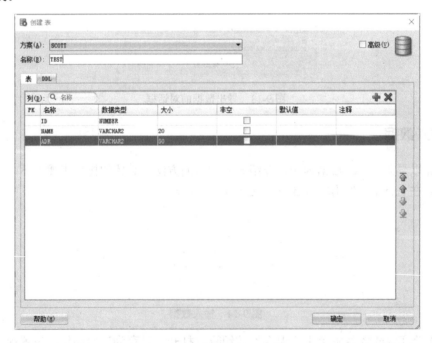

图 9-16 "创建表"对话框

（4）右击"TEST"节点，在弹出的快捷菜单中选择"导入数据"命令，打开"数据预览"对话框，单击"浏览"按钮，打开"打开"对话框，选择前面创建的 test.csv，单击"打开"按钮，返回"数据预览"对话框，在"格式"下拉列表中选择"csv"选项，在"分隔符"下拉列表中选择"，"选项，其他采用默认设置，如图 9-17 所示。

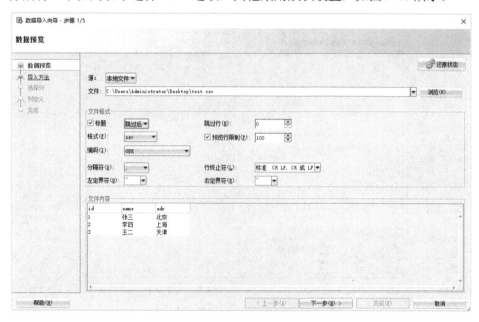

图 9-17 "数据导入向导-步骤 1/5"对话框

（5）单击"下一步"按钮，打开"导入方法"对话框，在"导入方法"下拉列表中选择"插入"选项，其他采用默认设置，如图 9-18 所示。

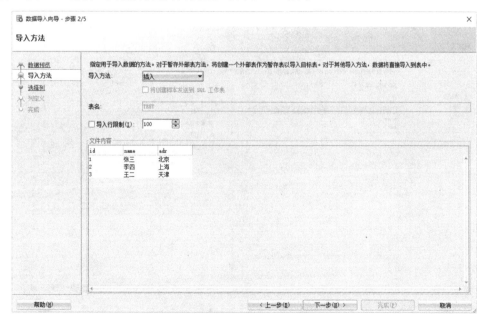

图 9-18 "导入方法"对话框

（6）单击"下一步"按钮，打开"选择列"对话框，如果不需要列，则选择"所选列"列表框中的列，单击 按钮，选择的列将会显示在左侧的列表框中，这里采用默认设置，如图9-19所示。

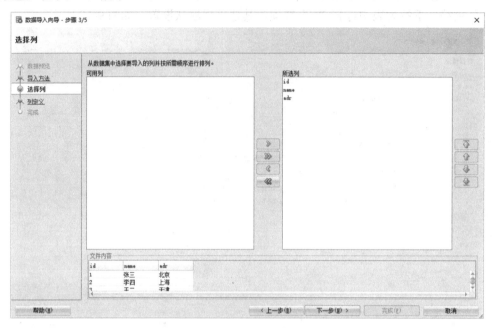

图9-19 "选择列"对话框

（7）单击"下一步"按钮，打开"列定义"对话框，在"匹配条件"下拉列表中选择"名称"选项，在"源数据列"列表框中选择列，在"目标表列"选区中选择列名称使之与源数据列中的列匹配，如图9-20所示。

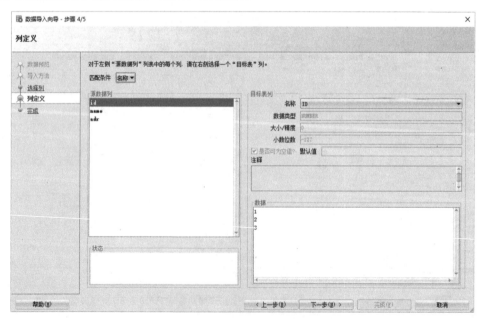

图9-20 "列定义"对话框

项目九　数据的安全管理

（8）单击"下一步"按钮，打开"完成"对话框，显示导入的数据信息，如果有问题，可以单击"上一步"按钮，对数据进行修改，如图 9-21 所示，单击"完成"按钮，打开图 9-22 所示的"导入数据"对话框，显示导入数据成功，单击"确定"按钮。

图 9-21　"完成"对话框

（9）打开 TEST 表，导入的数据如图 9-23 所示。

图 9-22　"导入数据"对话框

图 9-23　TEST 表

项目总结

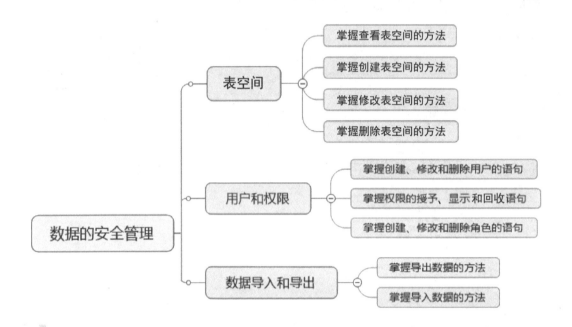

项目实战

实战一　导出 EMP 表中的数据

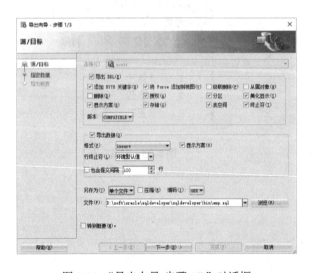

图 9-24 "导出向导-步骤 1/3"对话框

（1）展开"表"节点，右击"emp"节点，在弹出的快捷菜单中选择"导出"命令，打开"源/目标"对话框，在"另存为"下拉列表中选择"单个文件"选项，设置编码为 GBK。单击"浏览"按钮，打开"保存"对话框，设置保存路径，设置文件名为 emp.sql，单击"保存"按钮，返回"源/目标"对话框，其他采用默认设置，如图 9-24 所示。

（2）单击"下一步"按钮，打开图 9-25 所示的"指定数据"对话框，可以看到要导出的数据库对象。

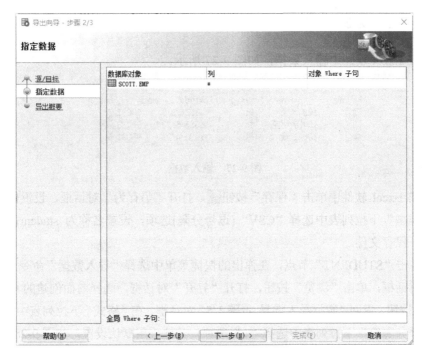

图 9-25 "指定数据"对话框

（3）单击"下一步"按钮，打开"导出概要"对话框，在列表框中可以看到要导出的数据参数，如图 9-26 所示，单击"完成"按钮，打开"导出到"对话框。导出的数据文件会显示在指定位置上。

图 9-26 "导出概要"对话框

实战二 向 STUDENT 表中导入数据

（1）在 Excel 软件中输入数据，如图 9-27 所示。

	A	B	C	D	E	F
1	no	name	sex	birthday	class	nation
2	102	张顺	男	1986/8/5	95031	汉
3	104	李明花	女	1985/8/10	95033	汉
4	106	王俊	男	1985/4/21	95031	苗

图 9-27　输入数据

（2）在 Excel 软件中单击"保存"按钮，打开"另存为"对话框，设置保存路径，在"保存类型"下拉列表中选择"CSV"(逗号分隔)选项，设置名称为 student，单击"保存"按钮，保存文件。

（3）右击"STUDENT"节点，在弹出的快捷菜单中选择"导入数据"命令，打开"数据预览"对话框，单击"浏览"按钮，打开"打开"对话框，选择前面创建的 test.csv，单击"打开"按钮，返回"数据导入向导-步骤 1/5"对话框，在"格式"下拉列表中选择"csv"选项，在"分隔符"下拉列表中选择"，"选项，其他采用默认设置，如图 9-28 所示。

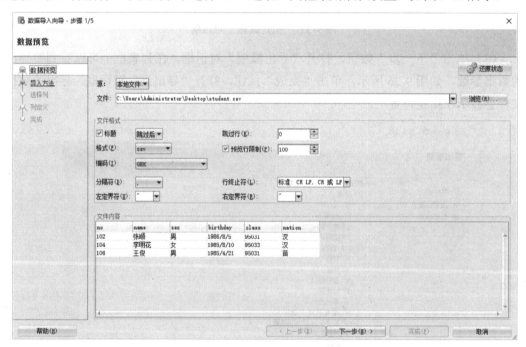

图 9-28　"数据预览"对话框

（4）单击"下一步"按钮，打开"导入方法"对话框，在"导入方法"下拉列表中选择"插入"选项，其他采用默认设置。

（5）单击"下一步"按钮，打开"选择列"对话框，采用默认设置。

（6）单击"下一步"按钮，打开"列定义"对话框，设置匹配条件为名称，在"源数据列"列表框中选择列，在"目标表列"选区中选择列名称使之与源数据列中的列匹配,例如,在"源数据列"列表框中选择"birthday"选项,在"目标表列"选区中设置名称为 SBIRTHDAY,格式为 YY-MM-DD,如图 9-29 所示。

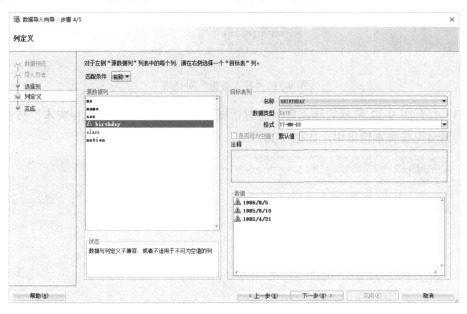

图 9-29 "列定义"对话框

(7)单击"下一步"按钮,打开"完成"对话框,显示导入的数据信息,如果有问题,可以单击"上一步"按钮,对数据进行修改,如图 9-30 所示,单击"完成"按钮,打开图 9-31 所示的"导入数据"对话框,显示导入数据有错误,单击"是"按钮,忽略错误。

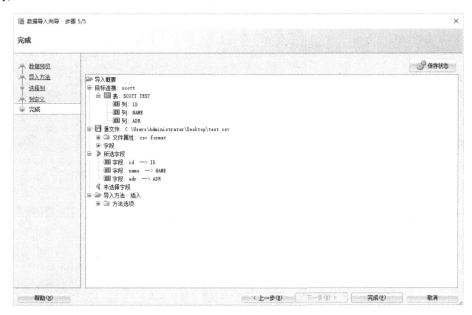

图 9-30 "完成"对话框

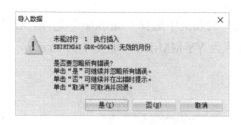

图 9-31 "导入数据"对话框

（8）打开图 9-32 所示的导入数据的对话框，按 F5 键或单击"运行脚本"按钮，运行结果出现在脚本输出中，如图 9-33 所示。

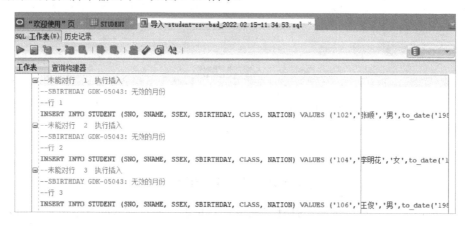

图 9-32 导入数据的对话框

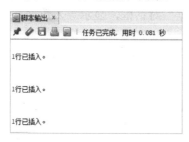

图 9-33 运行结果

（9）打开 STUDENT 表，导入的数据如图 9-34 所示。

图 9-34 STUDENT 表

反侵权盗版声明

电子工业出版社依法对本作品享有专有出版权。任何未经权利人书面许可，复制、销售或通过信息网络传播本作品的行为；歪曲、篡改、剽窃本作品的行为，均违反《中华人民共和国著作权法》，其行为人应承担相应的民事责任和行政责任，构成犯罪的，将被依法追究刑事责任。

为了维护市场秩序，保护权利人的合法权益，我社将依法查处和打击侵权盗版的单位和个人。欢迎社会各界人士积极举报侵权盗版行为，本社将奖励举报有功人员，并保证举报人的信息不被泄露。

举报电话：（010）88254396；（010）88258888
传　　真：（010）88254397
E-mail：dbqq@phei.com.cn
通信地址：北京市万寿路173信箱
　　　　　电子工业出版社总编办公室
邮　　编：100036